公众沟通

打开"邻避困局"的ideal模式

左跃 著

中国原子能出版社

图书在版编目（CIP）数据

公众沟通：打开“邻避困局”的 ideal 模式 / 左跃著
—北京：中国原子能出版社，2020.7（2024.1 重印）
ISBN 978-7-5221-0749-3

Ⅰ. ①公…　Ⅱ. ①左…　Ⅲ. ①核设施–环境影响–研究　Ⅳ. ①TL75

中国版本图书馆 CIP 数据核字（2020）第 146438 号

公众沟通：打开“邻避困局”的 ideal 模式

出版发行　中国原子能出版社（北京市海淀区阜成路 43 号　100048）
策划编辑　王　朋
责任编辑　胡晓彤
装帧设计　赵　杰　张晓春
责任校对　冯莲凤
责任印制　赵　明
印　　刷　河北文盛印刷有限公司
经　　销　全国新华书店
开　　本　787 mm×1092 mm　1/16
印　　张　12.75
字　　数　230 千字
版　　次　2020 年 7 月第 1 版　2024 年 1 月第 2 次印刷
书　　号　ISBN　978-7-5221-0749-3　　定　价　**68.00** 元

网址：**http://www.aep.com.cn**　　E-mail：**atomep123@126.com**
发行电话：**010-68452845**

序一

核电自诞生之日起，就伴随着争论。在 20 世纪 50 年代，由于核电厂的数量较少，特别是大多数公众相信核能“美好的未来”，所以争论多停留在技术层面。20 世纪 60 年代以来，核电快速发展，核安全问题开始受到广泛关注，同时现代环保运动兴起，核电的争论已不仅仅限于技术层面，而迅速扩展到经济、环境、社会乃至伦理等诸多领域，最终形成了具有很大社会影响的反核电群体。

在这种背景下，核电闭门式的自我发展已经不可能，核电势必是在与公众和社会的交流、沟通、争论中发展的。核电行业在与公众和社会的交流和沟通方面做出了许多的努力，一些研究工作者也对其中的一些现象和规律进行了大量的研究，邻避效应是研究过程中得到高度关注的问题之一。

“邻避”，是由英文 NIMBY 半音译半意译而成的。而 NIMBY 又是

英文短语 Not In My BackYard（不要在我的后院）的缩写。在英文原意中，邻避效应并不意味着一定对某件事情的反对，也包含着虽然赞成某件事情，但不希望建在家园附近的现象。

与世界上许多国家相比，我国核电建设起步较晚，早期核电规模较小，核电建设属于“政府行为”，所以很少听到反核电的声音。近 20 年，我国核电以较快的速度发展，同时公众的公民意识、环保意识和权力意识都在提升，利益诉求多元化，新媒体方式多样，对核电的反对声音时常见诸各类媒体。但总体而言，我国尚未形成社会性的反核电运动，而“邻避”效应是目前我国核电面对的主要问题。

多年来我国核电行业也在公众交流和沟通方面做了大量的工作，但效果似乎并不尽人意。这里面的原因是多种多样的，如核武器巨大的破坏后果在公众中形成的“锚定思维”，技术的复杂性导致专业人员难于通俗地向公众解释清楚核电的安全特性，放射性废物问题的长期性带来的价值和伦理争论等，但多年来核电届对公众交流和沟通的规律缺乏系统性地研究也是重要的原因之一。

我很高兴地看到，近些年来，越来越多的核电工作者开始关注这方面的工作。左跃先生长期从事公众交流和沟通工作，在这方面有着丰富的实践，在总结多年工作经验的基础上，完成《公众沟通：打开“邻避困局”的 ideal 模式》专著，提出了破解“邻避困局”的 IDEAL 模式，并在思路、方法和实操上进行了有益的探索，是这方面的最新成果。左跃先生的著作不仅仅对核电厂，对于其他设施解决邻避问题都提供了很好的参考。

人类的认识是一个实践、认识、再实践、再认识的永无止境过程，旧的问题解决了，新的问题又会产生，公众交流和沟通工作也是这样，需要广大从业者坚持不懈的探索和长期努力。

生态环境部核电安全监管司司长

国家核安全局副局长：

序二

沟通，是人与人之间、人与群体之间思想与感情的传递和反馈的过程，以求思想达成一致和感情的通畅。沟通是心与心的交流，情感与情感的碰撞，真诚与坦率最为打动人心。公众沟通尤为如此。

核能自诞生之日起，与之相关的沟通话题便一直没有停止：一是由于核能与生俱来的特殊身份；二是“邻避”常常成为时下的热搜话题。长期以来公众对核能的误解与隔膜，导致核能公众沟通工作充满挑战。如何转变公众沟通的理念思维？如何优化决策的策略模式？如何采取行之有效的沟通方法？成为核能发展所面临的重要课题。毋庸置疑，核能公众沟通工作深入的程度决定了我们以何种姿态融入百姓生活。

近日，我收到左跃所著的《公众沟通：打开“邻避困局”的ideal模式》手稿，他结合多年的实践工作经验，以核设施为例，全面细致地阐述了核冲突的生成机理和演化逻辑，详解冲突中各方利益诉求，创新性地提出了破解核设施“邻避困局”的（IDEAL）思路、方法和操作指南。在理论分析框架的基础上，本书还提供了核能的发展现状与科普知识，并对国内核邻避化解案例和世界三大核事故进行了综合分析，对于有效化解核设施等邻避问题，开展公众沟通与应对公众危机都具有实用的参考价值。

公众沟通目的不是为了说服公众，而是通过沟通，帮助公众能够更加客观、理性地认识核能、了解核能和理解核能。这是核能公众沟通的目标，也是本书及所有核能从业者孜孜以求的理想。

中国核能电力股份有限公司党委书记、董事长：刘敬

作者自序

核心“1+1”，沟通新未来

“化工厂、核电厂、垃圾站……，这些设施都需要，但不要建在我家后院。”

2007 年，厦门 PX 项目因联合抵制暂停；

2009 年，番禺垃圾焚烧厂因市民反对而停工；

2013 年，江门核燃料产业园因民众抵抗而暂停；

2015 年，连云港乏燃料后处理设施因民众反对而暂缓。

“邻避设施”为何会陷入“一建就闹、一闹就停”的怪圈？

本是为了维护公众利益和推动社会整体发展而兴建的服务设施，为何会遭到公众抵制？

陷入“邻避冲突”困境。公众抵制，真的是反对公共利益和社会发展的自私行为吗？

真的只是为个人利益的无理取闹之举吗？

邻避冲突，从外在形式上看是环境保护的矛盾，从内在本质看是社会发展进程中多元主体之间的利益博弈。究其根源在于选址决策的策略模式、在于公众参与的理念路径、在于管理者的固守思维。只有将正义导向的设施规划、全面及时的风险处置、制度化的利益沟通渠道、开放式的决策体制与决策过程、完善的应急响应机制贯穿于邻避化解的全过程，才能真正化解“邻避困局”。

本书以核设施为例，直面邻避冲突的客观现实，全面阐释核冲突的生成机理和演化逻辑，详解冲突中各方利益诉求，创新性地提出了破解核设施“邻避困局”的思路、方法和操作指南。在理论分析框架的基础上，本书还提供了核能的发展现状与基本科普知识，并对核邻避化解案例和三大核事故进行了综合分析，为您化解核邻避和有效沟通提供实践参考。

本书围绕“核心 1+1”思路来展开。核心：意指合心，核设施项目要用心去规划，用心去沟通，与公众要交心、换心、同心；1+1：1 种模式：打开“邻避困局”的 ideal 模式；1 套指南：公众沟通的操作指南；核心 1+1，每一个核设施，都应建立一套匹配的公众沟通指南和危机化解机制；核心 1+1，给您提供的是打开“邻避困局”的核心解决思路与操作方法。

目 录

CATALOGS

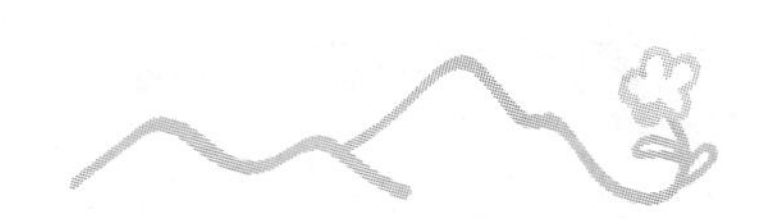

第一章 科普篇

坦诚以待：核电远离高冷范

激增的人口数量，拥挤的城市建设，过度利用的自然资源，自 19 世纪 70 年代以来，世界能耗增长了 20 倍。而首当其冲的便是化石燃料的广泛消耗，即 85% 的世界能耗是煤炭、石油和天然气等化石燃料。大量燃烧化石燃料所产生的二氧化碳、二氧化硫、氮氧化物、一氧化碳和可吸入颗粒物等有害物质，不仅会引起水污染、雾霾天、土质变硬等恶劣状况，对人类环境造成严重污染和生态失衡；还将加速地球化石燃料的资源储量日益减少，使人类面临异常严峻的能源危机。

在探索了风能、水能、太阳能等一系列自然能源后，人们发现更为绿色、经济、高效的核能，其对大气环境改善更为亲切，对能源结构调整更为友好，对日益增长的能源需求更能满足，不但有利于实现能源、经济和生态环境的协调发展，而且能提升我国的国际影响力、综合经济实力和持续发展水平，它的地位之重要之关键自然不言而喻。

反观现实，人们却并不以为然。提起核，大家常常会疑虑丛生，眉头紧蹙，欲言又止，仿佛它是一个禁区，不敢也不愿靠近一步。公众存在如此大的隔阂和误解，身为核电一员，我希望能够用尽“洪荒之力”为大家介绍核电的前世今生，希冀为公众打开一扇认识核电的窗口，感知核电是安全的、环保的、可持续的能源，对于世界未来发展不可或缺。

第一节 自白：“核”公众倾诉

你可能没有见过我，但是听到我的名字你可能会神色紧张、心生恐惧，甚至还会号召大家一起来抗议我。可是我有话要说，我并非大家想象的那样可怕和危险，请给予我一点时间，让我以虔诚之心来好好为您讲述我们核家族的前世今生。

一、我是核电，来自伟大的科技

大家好，我叫核电。

一提到我，你脑海里可能闪现的是戒备森严的实验室、密不透风的厂房、穿着防辐射服的工作人员，以及各种高精尖的科研设备，甚至是将科幻大片中的场景与我相关联。因而，关于我神乎其神的说法便不胫而走。

其实，我们核电厂与常见的火力发电厂一样，都是用蒸汽推动汽轮机做功，带动发电机发电。主要区别在于蒸汽供应系统，核电厂用反应堆代替了火电厂的锅炉。这样说是不是容易理解了许多。并且，它们制造蒸汽的方式也不同：火电厂依靠燃烧化石燃料（煤、石油或天然气）释放的化学能；而我们核电厂则依靠核反应产生的核能。大家应该明白我的出身了吧。纵观全球，核电厂常常采用的反应堆有压水堆、沸水堆、重水堆、快中子堆以及高温气冷堆等，其中 70% 是压水堆，是当前最成熟、最成功的动力堆型。

我们核电厂由三大支柱构成，依次是核岛（主要是核蒸汽供应系统）、常规岛（主要是汽轮发电机组）和电站配套设施。核燃料在反应堆内产生的裂变能，主要以热能的形式出现。它经过冷却剂的传输和转换，最终用蒸汽或气体驱动涡轮发电机组发电。你看，我就是这样来发电的，一点都不神秘，而且非常科学。

为了确保万无一失，我会将所有带有放射性的关键设备都安装在反应堆安全壳厂房内，这从根本上就断绝与外界的联系，十分安全。为了保证堆芯核燃料在任何状况下，都可以得到冷却而免于烧毁熔化，我们核电厂也会精心设计重重安全系统，任谁也无法撼动我的安全与稳固。

1. 核电厂与原子弹完全是两回事

误解源于不解，不解加深误解。通常，在人们的印象中，因为核电厂和原子弹都含有核材料，所以大家自然会认为核电厂也会像原子弹那样发生“核爆炸”，给人们带来灾难。事实上却绝非如此，个中缘由，且听我慢慢道来。其实，误解的一个重要因素是核电厂燃料中的有效成分是铀 -235，而它也是原子弹的核装料。但是，两者却有本质不同。

比如在压水堆核电厂中，所用的铀 -235 的富集度不同，通俗地说就是浓度不同。所谓的富集度一般指核燃料中铀 -235 的质量分数，也即核燃料棒中铀 -235 的丰度的转换（丰度指核子数之比）。因铀浓缩的过程又称为富集而得名。核电厂燃料中铀 -235 的富集度一般不超过 5%，而原子弹核装料中的铀 -235 含量高达 90% 以上。如此专业的词汇可能难以理解，如果拿啤酒和白酒来比喻，就瞬间释然：铀 -235 的富集度就如同酒精，由于白酒酒精含量高所以可以点燃，而啤酒却不会。因而，核电站和原子弹完全不是一回事儿。

再者，原子弹也不是轻易说炸就炸的，原子弹爆炸有着极其苛刻的条件。它必须用高富集度的铀 -235 或钚 -239 作核装料，以一套精密复杂的系统引爆高能烈性炸药，利用其爆炸力在瞬间将易裂变物质压紧到一起，形成不可控的链式裂变反应，瞬间产生大量能量，核爆炸才发生。而我们核电厂的燃料都是分散布置在反应堆内，跟原子弹根本不是一个级别的，就更不要说核爆炸了。

2. 辐射，其实无处不在

女性常常在怀孕后，甚至孕前就会购买防辐射的孕妇装，是为了保护胎儿健康。“辐射”两字仿佛就是危险的代名词，但真相是人家辐射其实是一个中性词，只是某些物质的辐射会带来危害。在现实生活中，天然放射性物质时时处处都在。比如，我们呼吸的空气、吃的食物、居住的房子、看到的天地山川草木，乃至人的身体。究其根源，天然辐射的来源有三：一是宇宙射线，这是人类每天都要经受的辐射；二是土壤、岩石和饮水中的放射性元素，都可能含有微量的放射元素，这是无法避免的；三是人体内自带的放射性核素钾 –40，一个成年人体内约有 100 克钾元素，其中万分之一是放射性同位素钾 –40。

你也许会认为核辐射肯定与天然辐射不同，一定是高于后者。然而，真相却是我们核电厂周围的公众每人每年接受的辐射剂量约为 0.01 毫希（见图 1–1），世界天然本底照射（由天然放射性造成的对人体的辐射）剂量为 2.42 毫希 /（人 · 年），有些高本底的地区可以达到 10 毫希 /（人 · 年）。事实上，除了天然本底照射，还有人为放射性照射，比如一次胸部透视，剂量可以达到 0.02 毫希；一次 CT 检查的剂量更高，可以达到 1 ~ 10 毫希。与它们相比，我们核电家族的辐射对人体的影响是微乎其微的，这也是我有自信说自己是安全的重要原因之一。

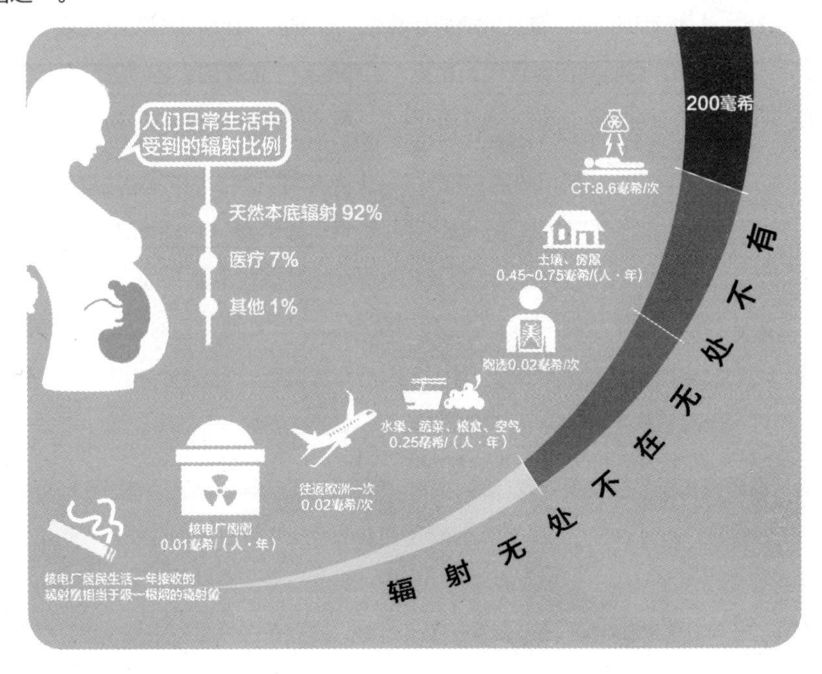

图 1-1　无处不在的辐射

3. 我的优势是什么

每个人都有自己的个性与气质，我亦如此。我属于新能源范畴，和其他小伙伴儿，如太阳能、风能、水能、地热能一样，都是环保无污染，已经逐渐成为世界能源发展的领军者，各国竞相投资我发展我。具体原因有三。

（1）清洁环保

众所周知，传统的化石燃料不仅燃烧利用率低下，而且会污染环境，燃烧时释放的二氧化碳等有害气体容易造成“温室效应”，给人类的生产生活带来严峻挑战。而我却非常清洁，不仅不排放有害物质，还不会造成“温室效应”，能够改善环境，保护生态家园。用一组数据举例更为直观：一座 100 万千瓦的核电厂，每年只需 25 吨至 30 吨低浓度铀核燃料，运送这些核燃料只需 1 辆大卡车；而相同功率的煤电站，每年则需要 300 多万吨原煤，运输这些煤炭，要 1000 列火车。这，就是如此低碳环保优秀的我。

（2）安全友好

公众对我是谈“核”色变，避而远之，即使大家虐我千百遍，我依然保持安全友好的初心不变。消除公众误解需要沟通与了解，方可信任。那就从我的老家——核电厂说起吧。核电厂是指通过适当的装置将核能转变成电能的设施，系统和设备通常由两大部分组成：核的系统和设备，又称为核岛；常规的系统和设备，又称为常规岛。

想要建造一座标准的核电厂，需要投入大量的人力、物力、财力，还有时间，所以，与其说核电厂是厂房，不如说是一件艺术品。首先，选址需要考虑众多因素，包括地质结构风险（地震）、洪水、海啸和核事件情况下对生活在附近居民所产生的后果及影响，以及对植物、动物和当地生态系统所产生的影响。其次，建设需要确保极高的安全性，充分兼顾保护厂区工作人员和周围居民在所有运行时和事故时受到的放射性辐照剂量达到合理可行的尽可能低的水平，以及对环境的影响不超过规定的水平。制定安全标准和规定，确保从建造到退役的整个过程的安全。

再次，储备核电的安全守护者——“黄金人”。在核电厂，核心的操纵员被称为“黄金人”，这是因为我国最早的一批核电厂操纵员主要是在国外进行培训，每人所花的费用大约相当于一般人体重的黄金重量，所以他们又被称为核电“黄金人”。如今核电技术国产化，但培养耗资依然高达百万元。他们工作在主控室内，监控屏幕，守护着“核安全”。要成为“黄金人”很难，不仅需要数年的工作经验，所学知识也涉及核电的各个方面，还要经受能力、精力和情绪管理的综合考验。如：高级操纵员培训过程中，学员须完成 100 多门课程的学习，并且通过核电行业主管部门组织的现场考试、模拟机考试、笔试、口试。高级操纵员在正式上岗前还需要 3000 个小时的实践操作，包括在常规电站、核电厂调试阶段操控，以及在其他核电厂主控室随操纵员进行的“影子培训”。同时，国家对操纵员的执照管理非常严格。操纵员离开岗位 6 个月，执照自动失效。即使持续在岗，每年也必须要有两周的模拟机培训，且每两年要重新进行执照考核。如此严格，只为核电安全，对公众和地球负责。

（3）理想能源

我的“老家”在核电厂，而我的“产房”是反应堆，也就是核电厂的“心脏”。我从孕育到出生经历了“核能→水和水蒸气的内能→发电机转子的机械能→电能”这一过程，期间主要是围绕反应堆而展开。核电反应堆是利用核能发电的一种反应堆，迄今为止所有的核电反应堆均是利用核裂变反应释放核能的。

根据引发核裂变的中子能谱的能量，核电反应堆分为热中子反应堆和快中子反应堆两大类。热中子反应堆又根据冷却剂和慢化剂的种类分成轻水堆、重水堆、石墨气冷堆和石墨水冷堆。其中轻水堆又可分为压水堆和沸水堆两类。慢化剂的作用是将裂变释放的快中子慢化为热中子，使其引起更多的裂变。冷却剂的作用是从反应堆中导出核反应产生的热量，用于产生蒸汽驱动发电机组发电。

上段所述或许比较晦涩难懂，举个容易理解的例子，还以火电厂来对比。火电厂主要的燃料是煤，而核电厂用的燃料是铀。核电厂的反应堆相当于火电厂的锅炉，用铀制成的核燃料在“反应堆”的设备内发生裂变而产生大量热能，再用处于高压下的水把热能带出，在蒸汽发生器内产生蒸汽，蒸汽推动汽轮机带着发电机一起旋转，电就源源不断地产生出来，并通过电网送到四面八方。

而铀仅仅是我的能量来源之一，世界上核资源无比丰富，除了铀，还有它的同伴钍、氘、锂、硼等等，世界上铀的储量约为 417 万吨。地球上可供开发的核燃料资源，可提供的能量是矿石燃料的十多万倍。更可贵的是，核聚变反应中几乎不存在放射性污染，聚变能称得上是未来的理想能源。

二、我的世界，挫折坎坷中前进

想要真正了解我们核家族，就不得不先从世界核电的发展历史说起。如今核电与水电、煤电构成了世界能源供应的三大支柱，在世界能源结构中有着举足轻重的地位。

发达国家的核电机组运行数量一直占据前列，如美国、法国、日本、俄罗斯、韩国等国家，中国奋起直追正呈赶超之势，已进入第一梯队，与北美、欧洲等比肩而立。当今世界，核电已经成为具有无可置疑的全球竞争力行业。截至 2020 年 6 月，全球 30 个国家拥有 456 个商用核反应堆，总装机容量首次超过 4 亿千瓦，这能够满足全球约 11% 的电力需求。

追溯起核电历史，被誉为“原子能之父”的美籍意大利著名物理学家费米（他还是美国芝加哥大学物理学教授、1938 年诺贝尔物理学奖得主）是一个标志性人物。在曼哈顿计划期间，费米领导小组在芝加哥大学建立了人类第一台可控核反应堆（芝加哥一号堆），为第一颗原子弹的成功爆炸奠定了基础，人类从此迈入原子能时代。

世界上第一座原子能发电厂在 1954 年 6 月建成，这座小型核电厂位于莫斯科郊区的奥布宁斯克。奥布宁斯克核电厂，是采用浓缩铀作燃料的石墨水冷堆发电厂，发电功率虽然只有 5000 千瓦，但是它毕竟开辟了和平利用核能发电的新时代。该核电厂从方案设计到实际竣工仅用了三年时间，并安全运行 50 年直至退役，成为人类和平利用原子能的典范。

与西方发达国家相比，中国的核电事业虽略显落后，但后来居上，取得了令世界瞩目的成就。四十余年的时间，我国经历了核电起步、适度发展、积极发展和安全高效发展四个阶段。

1985 年，我国大陆第一座自主设计和建造的核电厂——秦山核电厂正式开工建设，并与 1991 年 12 月 15 日成功并网发电，这也向世界宣告中国核电事业由此起步。

进入 20 世纪 90 年代，我国相继开工建设了浙江秦山二期核电厂、广东岭澳核电厂、浙江秦山三期核电厂等，使我国核电设计、建造、运行和管理水平得到了很大提高，为我国核电加快发展奠定了良好的基础。

2000 年召开的党的十五届五中全会提出了“适度发展核电”的方针。2006 年，《中国国民经济和社会发展“十一五”规划纲要》提出“积极推进核电建设”。2007 年，《核电中长期发展规划（2005—2020 年）》发布，中国核电迎来历史性的发展机遇。根据规划，到 2020 年，核电运行装机容量争取达到 4000 万千瓦，并有 1800 万千瓦在建项目结转到 2020 年以后续建。核电占全部电力装机容量的比重从现在的 3% 提高到 4%，核电年发电量达到 2600 亿至 2800 亿千瓦时，目前来看这一目标基本实现。

2010 年 10 月 15 日，党的十七届五中全会通过了《中共中央关于制定国民经济和社会发展第十二个五年规划的建议》，确定我国“在确保安全的基础上高效发展核电”的方针，自此，中国核电事业开始进入“安全高效发展阶段”。2012 年 3 月，我国《政府工作报告》重申了在能源结构中安全高效发展核电的政策，我国核电也由此进入了安全高效、稳步发展的新阶段。2013 年，我国发布的《能源发展“十二五”规划》中明确提出要“安全高效发展核电”，加快建设现代核电产业体系，打造核电强国。2014 年 6 月 13 日，习近平总书记在主持召开中央财经领导小组第六次会议时强调，在采取国际最高安全标准、确保安全的前提下，抓紧启动东部沿海地区新的核电项目建设。

2015 年 4 月 15 日召开的国务院常务会议决定，按照核电中长期发展规划，在沿海地区核准开工建设“华龙一号”示范机组。2015 年 5 月 7 日，我国自主三代“华龙一号”示范工程的福建福清核电厂 5 号机组开工建设。2019 年 10 月 16 日，“华龙一号”批量化建造工程的漳州核电 1 号机组开工建设。这标志着继“华龙一号”示范工程福清 5、6 号机组、防城港 3、4 号机组开工建设以来，又有了新的机组开工。

我国核电的发展可谓日新月异，时时刻刻都在努力超越自我。截至 2020 年 1 月，我国已经运营机组 47 台，装机容量 4875.4 万千瓦，在建机组 13 台，装机容量 1482.7 万千瓦，都分布在我国东南沿海的 8 个省份。2019 年，核电总发电量 3270 亿千瓦时，但仅占全国统计发电量的 4% 不到。从全球来看，中国已经超越日本，成为仅次于美国和法国的第三大核电发电量的国家，真是厉害了我的核电。但从国内来看，核电在整个中国发电结构中的比例依然极小，还有更多的市场开拓空间。

然而，在世界核电厂欣欣向荣的发展过程中，也并非一帆风顺。2011 年福岛核事故的发生，给世界核电发展带来了阴霾，德国、瑞士等少数几个国家宣布放弃核电，美国、法国、俄罗斯等主要核电国家仍坚持发展，那些新计划开发核电的国家也并没有放弃原有的发展计划。这次事故的发生，促使科学家们为确保核电厂向更安全的方向发展而努力。世界各国更在完善事故预防管理措施和提高极端自然灾害应对能力方面下足了功夫，极大地提高了全球核电的安全性。福岛核事故后全球核电建设很快重启，绝大多数国家没有改变本国核电发展政策。下面，我们一起打开了解世界各国核电发展的大门，一探究竟吧。

1. 美国：核能作为最高能源战略

福岛核事故后，美国核电发展并未止步。时任美国总统奥巴马仍将发展核能作为其最高能源战略的一部分，在 2012 年 3 月 26 日举行的核安全峰会上指出：“随着石油价格上涨、气候逐渐变暖，核能地位将只会更加重要。”美国核管理委员会（以下简称“核管会”）于 2012 年新批准 4 台 AP1000 机组的建设项目，在时隔 35 年后重新开启了新核电建设征程。

此外还有 12 台机组的核电建造与运营联合许可申请，处于核管会审批当中。2014 年 2 月，为支持核电建设，美国能源部向沃格特勒核电项目提供了 65 亿美元的贷款担保。在开展新核电建设的同时，美国还在开展在役延寿工作，100 台在役机组中已经有 72 台获得延寿许可。美国未来核电规模的大小，将主要取决于天然气价格变化情况以及现有机组的延寿情况。根据美国能源信息署预测，预计到 2040 年美国核电装机容量最高可达 1.33 亿千瓦。另外，美国政府也在采取各种鼓励措施，加大对先进核能技术的研发支持，推动小型模块式反应堆的推广应用。

2. 俄罗斯：发展核能大势所趋

俄罗斯也不甘落后，继续持续推进。普京总统在 2014 年 1 月份访问俄罗斯国家核研究大学“莫斯科工程物理学院”时表示，发展核能是大势所趋，俄罗斯将继续发展核能。俄罗斯国内核电建设稳步推进，目前核电总装机容量约 2400 万千瓦，计划 2030 年达到 6000 万千瓦。2013 年国内核电总发电量为 1614 亿千瓦时。同时俄罗斯大力推动海外核电出口，计划 2030 年前在国外新建 28 台核电机组。目前已经与土耳其、中国、白俄罗斯等国家签订了核电建设合同，与越南、孟加拉、印度等国家签署了核电建设贷款协议，还在与其他有意向新建核电国家，如沙特阿拉伯、南非、阿根廷、埃及、阿尔及利亚、智利等国积极开展交流与合作，部分已取得积极进展。

3. 法国：继续将核电作为重要低碳能源

法国核电比重最高，核电在法国能源结构中占有重要地位，核电发电比例占到 73.3%。2013 年 3 月，以法国为代表的 12 个欧盟国家签署部长级联合宣言，表示“今后继续将核能发电作为重要低碳能源之一”。近期，法国先后有 5 台机组通过了法国核安全局的定期（每 10 年 1 次）安全检查，准许运行 40 年。另外，政府一直在支持包括第四代反应堆在内的核电技术研发，加强核安全研究。为了改变当前本国过于依赖核能的局面，保障能源安全，法国最近调整了本国的能源政策，根据公布的草案显示，法国将目前的核电总装机量设定为发展规模上限，到 2025 年将核电份额限制在 50% 以内。

4. 英国：重启核电建设

英国核电复兴开始起步。2008 年，英国政府发布《核能白皮书》，重启核电发展。2012 年 11 月，发布新能源法案，支持包括核能在内的新能源发展，计划在 2025 年前在国内新建 8 座核电厂，希望在 2020 年前首堆投入运行，目前来看有所迟缓。2012 年 12 月完成了针对 EPR 的总体设计评估，这为欣克利角 C 核电项目的顺利上马进一步扫清了障碍，同时，英国还在对日立和通用联合设计的先进沸水堆技术开展总体设计评估，准备在威尔法和奥德伯里共建造 4 ~ 6 台沸水堆。2013 年 7 月 17 日，英国政府出台了相应财税政策，激励新核电建设，英国从国际市场上积极寻求核电建设合作伙伴。2013 年年底，英国政府和法国电力公司就新建欣克利角 C 核电项目达成了协议，2014 年 6 月，中英两国政府发表民用核能合作联合声明，英国政府同意中国核电技术进入英国核电市场。2016 年 9 月，英国政府正式批准中法合资的欣克利角 C 核电项目动工。

5. 加拿大：核电发展一如既往

福岛核事故后，加拿大核电发展未受到影响，对根蒂莱核电厂 2 号机组进行了 5 年延寿。加拿大计划在达灵顿地区建造 4 台核电机组，西屋 AP1000 和坎杜能源公司的改进型坎杜堆（EC6）已作为候选。其中西屋 AP1000 已通过加拿大核安全委员会第二阶段的预许可审查，坎杜能源公司的 ACR1000 和 EC6 已完成第三阶段即最后阶段的预许可审查。另外，阿海珐和三菱重工联合开发的 Atmea1 以及阿海珐的 EPR、美国巴威公司的 mPower 小型模块化反应堆也正在接受加拿大核安全委员会预许可审查。

6. 韩国：积极推进核电建设

福岛核事故后，韩国核电政策也没有受到影响，已有两台机组开工建设。根据韩国政府 2014 年 1 月公布的最新方案，计划将核电发电比重由 2013 年的 27% 增至 2035 年的 29%，届时，核电装机规模将增加到 4300 万千瓦。另外，韩国也在加大其核电出口布局，向外推销 APR1400 技术。在取得越南第三座核电厂建设优先谈判权之后，积极参与阿根廷、芬兰核电项目投标，与沙特、埃及等国开展合作，还计划参与英国核电市场投资。

7. 印度：制定核能发展计划

印度已经制定“三步走”的核能发展计划。首先是发展以天然铀为燃料的重水堆；第二阶段重点是研发和部署贫化铀—钚增殖堆；第三阶段是发展钍—铀增殖堆。整个计划实施周期大约为 50 年。计划到 2050 年核能发电比例占 25%。福岛核事故并未影响印度核电发展，2011 年 7 月，拉贾斯坦核电厂 7、8 号机组先后开工，机组采用本土设计的 70 万千瓦重水堆。另外，印度正与美、俄、法等核电技术强国接触，还与哈萨克斯坦、纳米比亚、加拿大等国签署合作协议，以确保本国铀供应。

8. 日本：核电恢复重启

作为福岛核事故的直接受害者，日本核电机组已全部停运，导致化石燃料进口大幅上升，火电发电比例增加达到 90%。2015 年 8 月 11 日，经原子力规制委员会审查批准，九州电力川内核电厂 1 号机组重启，这是福岛核事故后审查合格后重启的第一个核电厂，从此日本结束了近两年的“零核电”时期。2018 年 10 月，日本重启 890 兆瓦的 Ikata-3 核电机组，这是日本 2011 年福岛核事故以来，重启的第 9 台核电机组。同时，日本积极开展核电外交，向有意建设核电的国家推销日本核电技术，尤其安倍内阁实施全面战略扩张政策，加强了政府在政治、外交上对核出口的领导和支持。日本已经同土耳其、沙特、哈萨克斯坦、越南、立陶宛等国家签署了核能合作协定，争取到了土耳其、芬兰核电项目的优先谈判权。

纵观世界其他国家，无核国家也跃跃欲试。根据世界核协会统计，有 45 个无核国家正在计划或认真考虑发展核电，沙特、哈萨克斯坦、越南、约旦等国已经制订了完善的核电发展计划，正在积极推动本国首座核电厂的建设工作；摩洛哥、马来西亚、阿尔及利亚等国也在认真考虑发展核电。日本福岛核事故后，许多国家并未在核电进程中止步不前，反而更加重视核能的安全性，将核能安全放在首位，最大程度发挥核电的能源作用。

知己知彼，方能立于不败之地，再将视线转向我国，看看我国的核电发展处于何种阶段。其实，我国核电家族的工业体系已经建成，并在飞速发展奔驰中。并在主要设备的研发制造、生产准备、核电调试、运行支持、专项培训、核电大修、专项维修、技术支持、核电信息化等方面都具备极强的国际市场竞争力。世界各国对我国的核电发展水平的认可度日益提升。尤其是“一带一路”沿线国家对于电力等能源的需求，更为我国核电技术出口提供长期市场，有利于我国与邻国在核电设备等基础设施的长期合作。

三、我的安全，最高级别的防护

在飞机没有出现之前，人能翱翔天空就如同痴人说梦；当飞机出现后，人们又忧虑它的安全，到如今飞机航线遍布全球各个角落。人们对于新生事物总有一个从陌生到熟悉、从知之甚少到熟稔于心的过程。对于我的安全，你或许还是将信将疑，毕竟曾经出现的核泄漏事件以及核辐射问题让人心有余悸。但是我想说的是，在核安全的问题上，没有任何一个人比我们更在意、更用心。世界上各个核电企业始终秉承 “发展核电，安全先行”的理念，为核电事业的发展拧紧“安全阀”。

至于如何拧紧这个“安全阀”，真正打开大家对于我们核电家族安全的质疑和心结，请允许我为你细细道来。

1. 核电厂选址，踏破铁鞋无怨由

与建设普通建筑物不同，核电厂的选址是要严格遵循技术经济、安全性能、环境安全和社会稳定四大原则。要经过各级政府反复审慎考虑，各位专家反复周密论证，各位设计师反复勘察调研。主要考虑两方面的因素。一是安全方面因素：包括可能影响厂址适宜性的特征，其一要考虑会不会对自然和居民造成潜在危险，如厂址周围的人口分布、气象和水文条件等；其二要充分论证厂址所在区域的极端状况发生，如地质条件、地震、海啸、洪水、极端气象、飞机坠毁和化学品爆炸等。二是非安全方面因素：主要包括电网、运行条件、地形、供水以及其他的社会经济因素等。我国核电厂址对地质、地震、水文、气象等自然条件和工农业生产及居民生活等社会环境都有着严苛的标准。这些要求包括：稳定的地质结构、适宜的气象环境、适合的水文条件、与空中水上航道保持安全距离、周边较低的人口密度、周边便捷的交通。调研人员就是这般不知疲倦地去思考、去论证、去调研，我们的核电厂才能通过层层严格的考验，尘埃落定。

2. 核电厂安全，就是要极致安全

世上之事没有绝对，但安全我就要追求极致。我深知我的一丝一毫、一点一滴、一举一动都会影响到自然生态与百姓生活。因此，在各种运行状态下、在发生设计基准事故期间和之后以及在发生所选定的超设计基准的事故工况下，都必须执行下列三大基本安全功能：一是控制反应性。反应堆内装有由易吸收中子的材料制成的控制棒，通过调节控制棒的位置来控制核裂变反应的速度。二是导出堆芯热量。为了避免由于过热而引起堆内燃料元件的损坏，必须导出燃料元件棒内燃料芯块释放的热量。三是放射性物质的包容。为了避免放射性产物扩散到环境中，在核燃料和环境之间设置了多道屏障。我就是如此这般深思熟虑，谨慎前行，这是职责，更是捍卫核电厂安全的必须。

3. 设备运行安全，设想一百万种可能

在讲解设备运行安全之前，要进行一个知识小科普，什么是压水堆?

自从我们核电厂问世以来，在工业上成熟的发电堆主要有以下三种：轻水堆、重水堆和石墨气冷堆。它们相应地被应用到三种不同的核电厂中，形成了现代核发电的主体。目前呢，热中子堆中的大多数是用轻水慢化和冷却的所谓轻水堆。轻水堆又分为压水堆和沸水堆。压水堆使用加压轻水（即普通水）作冷却剂和慢化剂，且水在堆内不沸腾的核反应堆。燃料为低浓铀。

20 世纪 80 年代，被公认为是技术最成熟，运行安全、经济实用的堆型。

因此，在压水堆的设计上，我们核电会充分考虑到本身所具有的物理特性来实现自身的安全调节，使其在受到某些外界的干扰时，充分发挥其“固有安全性”，有效补充核功率意外上升、紧急停堆、紧急向堆芯内注入冷却水等突发状况时所需要的动力支持。在压水堆核电厂的设计中，设想了近百种可能发生的事故，包括某些可能的事故叠加。对每一个事故或事故组合，都用大型计算机程序分析计算，计算中还做了留有充分安全裕量。计算结果必须满足规定的验收准则。基于可能出现的事故类别采用保守的设计措施和良好的工程实践，以保障不会发生反应堆堆芯的任何重大损坏。

人们常用“以防万一”来形容对核安全的重视和所采取措施的可靠，而核电厂的设计原则是“以防十万一”“以防百万一”。而且为了防止可能性极小的意外发生，也采取了周密的措施。核电厂在事故工况下投入使用并执行安全功能，以控制事故后果，使反应堆在事故后达到稳定的、可接受状态而专门设置的各种安全系统的总称为专设安全设施。如安全注入系统、安全壳喷淋系统、安全壳隔离系统、安全壳消氢系统、辅助给水系统等。对安全非常重要的系统或设备，采取一份或几份备用的设备或系统的多重配置，且选用不同工作原理或者不同制造工艺的系统来执行同一个安全功能，防止多重配置的系统同时出现故障。按照国际安全原则，备用系统或设备分别安装在不同的场所，并完全隔离，其供电也相互独立，以防因火灾、水淹、停电等引起系统全部同时失效。为了运行安全，我们核电就是这样谨慎、谨慎再谨慎，认真、认真再认真，不存半点侥幸。

4. 故障安全设计，你不知道的事

故障安全设计，是的，你没有看错，为了保障发生故障之后依旧处于安全状态而进行的设计，它是核电厂建设的基本准则，即核电机组中重要的安全系统如果出现故障，自动将机组引入到安全状态。在某些情况下，采用故障安全原则为对付各种可能的故障提供一种附加的保护。“故障安全”意味朝着安全的方向失效。如核电厂的许多阀门是电动的，没有电，阀门就不能动作。但向反应堆内补充冷却水的阀门，如果必须开启，在失电后就会固定在“开”的位置；而安全壳的隔离阀在失电后就会固定在“关”的位置。

除了上述核电厂在设计上必须实现的安全功能和遵循的基本准则之外，我们更是精心布局“五道防线”和“四道屏障”为核安全保驾护航，将任何一种事故或已经发生的隐患消灭在萌芽之中，绝对不给任何故障以可乘之机。

那么，号称铜墙铁壁的“五大防线”和“四道屏障”究竟为何物，让我们来揭开它们的神秘面纱。

第一道防线：规划时，保证设计、制造、建造、运行等质量，预防偏离正常运行。

第二道防线：行动时，严格执行运行规程，遵守运行技术规范，使机组运行在设计限定的安全区间以内，及时检测和纠正偏差，对非正常运行加以控制，防止它们演变为事故。

第三道防线：危急时，万一偏差未能及时纠正，发生设计基准事故时，自动启用电厂安全系统和保护系统，组织应急运行，防止事故恶化。

第四道防线：失效时，万一事故未能得到有效控制，启动事故处理规程，实施事故管理策略，保证安全壳不被破坏，防止放射性物质外泄。

第五道防线：应急时， 即使在极端情况下，以上各道防线均告失效，进行场外应急响应，努力减轻事故对公众和环境的影响。

居安思危是我们核电的一贯作风。我们预想到当最坏的情况发生时，保障公众和环境不受放射性物质的伤害和污染的办法，就是对压水堆电厂贴上“四道护身符”——也就是四道屏障。只要其中有一道是完整无缺的，核泄漏事故就不会发生。

第一道屏障：燃料芯块。核裂变产生的放射性物质 98% 以上滞留在二氧化铀陶瓷芯块中，不会释放出来。

第二道屏障：燃料包壳。燃料芯块密封在锆合金包壳内，防止燃料裂变产物和放射物质进入一回路水中，这是完全密闭的，即使产生的气体也密闭在这里，这里面留有一定的空间，而且锆管的燃料棒可以承受一定的压力，最大数量的密闭气体释放也不足以使它开裂。

第三道屏障：压力容器和一回路压力边界。由核燃料构成的堆芯封闭在钢质压力容器内，压力容器和整个一回路都是耐高压的，放射性物质不会泄漏到反应堆厂房中。

第四道屏障：安全壳，就是混凝土的结构。安全壳是高 30 多米、直径约 40 多米的预应力钢筋混凝土构筑物，壁厚近 1 米，内表面还有 6 毫米厚的钢衬。它可以承受 0.5 兆帕 (5 个大气压) 的压力，确保在所有事故情况下都可以把放射性物质包容在里面。

“没有最安全，只有更安全”，是我们核电厂自己实行层层严密的安全防控体系的追求；是国家核安全监管、政策法规等方面的严格要求；更是我们的核家族企业孜孜不倦梦寐以求的目标。

做好最坏的打算，才能做到极致的安全。核电厂建设之初就已经将涉及安全的任何可能性考虑进去，并进行相应的应急预案。对标美国核管会要求，二代核电设计标准为：反应堆堆芯熔化事故概率小于 10^{-4}/ 堆 · 年，大规模放射性释放概率小于 10^{-5}/ 堆 · 年，意味着前者 10 万年一遇，后者 100 万年一遇；三代核电，则在此基础上各提高一个数量级，意味着大规模放射性释放概率小于千万年一遇，“跟陨石砸中脑袋差不多”。

目前，我国自主研发的“华龙一号”就是采用的第三代核电技术，满足了国际上对核电厂的最高安全要求。据媒体报道，我国已经在第四代先进核电技术方面取得积极进展，它能使核电厂在任何情况下，都不会引发放射性物质大量泄漏的事故，不会对人类的健康和环境造成影响。讲述到这里，大家应该相信我是一个足够安全、热爱环保的“朋友”，相信我不是那个危险的代名词，相信我国的核电产业未来充满希望。

四、我的价值，很需要你的了解

那么我的价值在哪里，就让一系列的数字来证明吧。一座装机规模为 500 万千瓦核电厂，总投资可达 650 亿元。按 7800 小时计算，规划装机投产后，年发电约 390 亿千瓦时，售电收入近 200 亿元，核电厂建设期每年可增加 5000 万元左右的建筑业营业税，全部建成后每年可直接纳税 30 亿元。2019 年，我国核电总发电量达 3270 亿千瓦时，占全国总发电量的 4%，核电生产运营产出（销售收入）约为 1410 亿元，拉动经济的总产出约为 3149 亿元，拉动 GDP 近 1679 亿元。

毫不夸张地说，我们核电的发展对地方经济的提升可谓是乘方效应。这与核电行业的性质有关，我们核电通常建设投资大、建设时间长、技术含量高、涉及产业多，自然会强劲拉动国民经济的增长。我的价值还体现在：吸引众多投资者抢滩地方房地产等市场，带动建筑行业发展；改善当地交通条件，完善城市基础设施；提高城市知名度，增加旅游收入；带来高技术人才，提升城市消费水平；带动投资配套抽水蓄能电厂等核电配套工业体系发展，对于国家和地方的经济发展都是螺旋式上升的。

1. 能源安全，我保障

社会经济飞速发展，对能源开发和电力需求也与日俱增，当然也面临着众多考验。我国诚然是能源大国，但也是人口大国，对资源的消耗量巨大，不仅人均能源资源占有率低，能源分布也不均匀。众所周知，我国以前做饭和取暖方式都是用蜂窝煤，这导致了能够结构相当长的时间以煤炭为主。但煤炭是不可再生资源，对环境污染较大，不利于我国的节能减排和环境保护。因而，发展多种能源，不依赖单一能源品种，是各国共同的战略选择。如今，我们核能作为一种清洁能源，技术日臻成熟，尽管曾有过挫折失败，但我的安全性已经得到更多的实践验证。在我国现阶段的电能源结构中，火电比重占据半壁江山之多，在资源储量和开发、环境容量和运输能力方面都受到严重制约。因而，加快我们核电发展，构造“北煤、西水、东南核”的国家能源新格局，不仅有利于优化能源结构，缓解运输压力，还能提高能源效率和电网运行稳定，保障国家的能源安全和经济安全，战略意义日益凸显。

2. 持续发展，我在行

全球气温的上升，雾霾天的频繁出现，呼吸道疾病的猛增……凡此种种都对能源的开发和利用提出了严峻挑战。既要保持经济的可持续发展，又要保护山清水秀的自然环境，就必须实现能源的可持续利用。而如今化石能源的自身特性和供应危机已无法满足正常需求。但我们核电具有安全、清洁、高效的显著特征，是实现可持续发展的重要助力。在现有核电规模下，如果裂变堆采用核燃料一次通过的技术路线，则世界已探明铀资源可供人类使用上百年；如果裂变堆采用铀—钚循环的技术路线，还可以极大提高铀资源利用率；另外在海水中含有丰富的铀，储量约 45 亿吨，足够人类使用数千年。如果聚变堆发展成熟并商业运行后，所需的原料——氘在海水中的总储量达几百亿吨以上，可供人类使用上亿年，可以说我们核电是取之不尽、用之不竭的能源。

3. 科技创新，我可以

核电工业是现代高科技密集型的国家战略性产业，其中核电设备设计与制造的技术含量高，质量要求严，产业关联度很高，涉及上下游几十个行业。发展核电，加快核电自主化建设，不仅能促进我国核工业的发展，而且可以带动相关产业的发展，对推动我国重大科技领域的技术创新，对提高我国相关制造业整体工艺、材料和加工水平将发挥重要作用。

从产业特性来看，核电属于技术密集型产业，核电发展涉及材料、冶金、化工、机械、电子、仪器制造等众多行业，由于核电的特殊性，对这些行业提出了很高的技术要求。随着核电产业的发展，相关配套领域的产品结构、技术能力、管理水平、创新能力也需要不断提档升级，从而实现装备制造业的供给侧改革。

从造价上看，一台百万千瓦核电机组造价大约为200亿元人民币，且具备广阔的国际市场。推进核电建设的自主化、本土化，是推动中国制造“走出去”的重要举措，对我国装备制造业产业升级提供了机遇与挑战。

4. 山清水秀，我守护

我国一次能源长期以煤炭为主，随着经济发展对电力需求的不断增长，大量燃煤发电对环境的影响也越来越大。电力工业减排污染物，改善环境质量的任务十分艰巨。我国目前70% 左右的城市空气质量达不到新的环境质量标准，雾霾天频繁发生，对交通运输、人们日常生活、人体健康等均产生严重影响，引起公众广泛关注和强烈担忧。核电是一种技术成熟的清洁能源。与火电相比，核电不会排放二氧化硫、氮氧化物、二氧化碳和烟尘颗粒物等污染物。发展核电代替部分煤电，可以减少污染物的排放，减缓地球温室效应，改善环境，建设宜居的生活。

5. 绿色环保，我专长

新的核电技术正朝着更安全、更经济的方向发展，符合世界对能源利用的清洁性、可持续性、可存储性、高能量密度性等要求。我们可以有效减少二氧化硫、烟尘、灰渣、氮氧化合物等污染，尤其在减排二氧化碳（CO_2）方面作用突出。据有关单位研究计算，我国煤电链温室气体的排放系数约为 1302.3 等效 CO_2 克 / 千瓦时，核电链排放系数为 13.7 等效 CO_2 克 / 千瓦时，核电链的温室气体排放只是同等规模煤电链的百分之一左右。

我们核电发电不像化石燃料发电那样排放巨量的污染物质到大气中，因此不会造成空气污染。总之，发展我们核电不仅可以满足我国的电力需求，而且对我国优化能源结构、减排温室气体、保障能源安全，应对气候变化具有重要意义。与此同时，核燃料能量密度比起化石燃料高上几百万倍，故核能电厂所使用的燃料体积小，运输与储存都很方便，一座百万千瓦的核电厂一年只需 30 吨的铀燃料，一航次的飞机就可以完成运送。发电成本中，燃料费用所占的比例较低，核能发电的成本较不易受到国际经济形势影响，故发电成本较其他发电方法更为稳定。核能发电实际上是最安全的电力生产方式。

第二节 真诚：“核”公众互动

田湾核电

沟通是人与人之间、人与群体之间思想与感情的传递和反馈的过程，以求思想达成一致和感情的通畅。没有沟通就没有互动，没有互动就没有理解，没有理解就会出现隔阂、冷漠，产生误解与扭曲。没有沟通，那是一个不可想象的世界。

公众的有效沟通可协助政府部门快速处理风险，防止危机恶化，做出更好的风险处理决策，确保应对政策的顺利实施；赋予公众权利、并稳定人心，随着时间的推移，增强政府的公信力。可是公众沟通究竟是什么？它要解决什么问题？我们将会从以下三个层面来分析：

1. 社会信任首当其冲需要重建，具体表现为日常性工作的信息公开和公众参与等。

2. 应急状态公众沟通策略预案需要建立完备，应对在短时间内无法重建的社会信任。

3. 信息双向传递更需要关注，科普宣传方式要由灌输式转变为互动式，即“我告诉你我是什么”变为“我告诉你想知道的”。

那么，在人人都是自媒体的时代，我们核电领域的公众沟通是怎样的，又该如何去思考与行动，是一个无法回避的问题。因为政府传统的“管控、强制”方式已无法适应时代发展，政府的公信力正在经受严峻考验。想要更好地与公众良性沟通，必须将公众参与社会管理的诉求纳入沟通日程。

众所周知，核电的建设发展与公众的质疑压力一直如影随形。关于核，核爆炸、核辐射和核污染总是绕不开的话题。因为核电厂在公众心中是神秘的、恐惧的，尤其是切尔诺贝利和日本福岛核事故的发生，更是加深了公众对我们核项目的恐怖印象。比如，河南杞县的“卡源事件”、福岛核事故后出现的“抢盐风波”，都折射出公众对核与辐射知识的极度匮乏，核电行业的科普公众需要下大力气去了解、去传播、去聆听，及时获取公众的理解、支持和信任。

只有我们不遮不掩，不隐不瞒，公开透明，真诚地与公众沟通，把公众放在核心地位，核电的科普工作才能起到真正的有效沟通。我们需要与公众进行对话，重视公众的建议和信息反馈，切实聆听公众的心声，了解利益相关者意见和诉求，实现社会公众的广泛参与和大力支持，才能赢得公众的理解和信任，从而提升政府公信力，赢得社会支持。

值得欣慰的是，我们的核电公众沟通已得到了政府、企业和社会公众越来越多的重视，已经成为核电企业的必备工作。在实操过程中，借助时下社会热点话题，通过科普宣传、知识竞赛、实地参观、信息公开等方式，敞开心扉与公众交流，增强与公众互动的黏性，让我们与公众始终在一起，获得了极好的社会反响。但沟通难题也日益凸显，公众沟通工作滞后于核电发展，现实中很多人对于核电的认知非常有限，对核电建设依旧心存疑虑。而这些也正是我们公众沟通工作前行的方向。

一、想说爱我，并不是很容易的事

坦白来讲，大家对我们核家族的绿色、环保、高效虽有认可，但对已经或可能出现的潜在核威胁仍心存疑虑。现在，很多人都认为“核能是一个很危险的技术”，尤其在 2011 年日本福岛核事故发生后，全世界对核能的热情度悬崖式下降，梳理反核人士的质疑与担忧，聚焦在以下六点：

1. 核事故：担心核电厂的核心过热融毁，释放核辐射。

2. 核废料处理：担心核电厂产生大量的放射性废料，在很长时间后仍然有害。

3. 核扩散：担心核电厂所使用的核燃料被用于制造核武器。

4. 新建核电厂的高昂代价：质疑核电厂的经济性问题。

5. 核恐怖：担心核设施可能被恐怖分子或犯罪分子袭击。

6. 公众安全：担心核事故，核扩散或核恐怖对公众安全与合法权益带来威胁。

在上述六点之中，核事故和核废料处理在全世界最被关注，因为与人们的生存环境密切相关。更严峻的是，反核运动者将福岛核事故作为我们核电厂不安全的主要证据。

身为普通人，没有充分的专业知识储备，很难对核与辐射相关事件有全面和理性的认识，往往对核电产生“陌生”和“恐惧”等情绪。再加上新媒体尤其是自媒体等技术的迅猛发展，大家获取信息的渠道多样化往往是在第一时间就得到信息，往往比官方媒体还要快，舆论导向对核的态度已经深刻影响社会公众。

例如，早在 2010 年，有香港媒体报道深圳大亚湾核电站出现“核泄漏”事故，一经报道立即引起公众恐慌。但从核电专业的角度来看，当时只有一个燃料元件损坏，且损坏程度也完全在设计和安全要求允许的范围内，根本没有对环境造成任何污染。但媒体报道的却称其为“核泄漏”！这就说明科普宣传、信息公开工作的封闭与不足，使得媒体不能正确解读核电厂发生的真实情况。再如 2011 年日本福岛核事故引发我国多地出现的“抢盐风波”，2012 年的江西彭泽核电事件、2013 年的江门核燃料项目事件等分别引发的几次群体性事件，都反映出大家对我们核电家族知识如此匮乏，有些人可以说是一无所知。

这些事故、事件发生时，我知道大家迫切想了解释放到环境中的放射性物质是否会对健康有害，自己是否会受到放射性污染，担心食品和饮用水是否会受到污染……此时如果媒体、网络、信息相互冲突，不同“专家”言论相互矛盾，而此时官方权威信息没有及时发布，很容易快速产生误解和谣言，造成全社会的紧张、恐慌。相信不仅核事故如此，像大的灾难，地震、疾病等重大公共事件出现时不实传言也往往立即随之而来。这就对政府和企业的公众沟通工作提出了更高更快的要求。

福岛核事故发生后，有关机构针对我国核能科普知识的普及情况进行了调查，结果显示：在福岛核事故发生之前，仅有 20% 左右的公众接触过核能科普知识，65% 左右的公众从来没有接触过这类信息，而 95% 以上的受访群众认为有必要在我国大范围开展核科普宣传。在公众对核能认识的调查中发现，福岛核事故前，58.5% 的人认为核能“有潜在危险，需谨慎利用”，22.6% 的人认为核能是“清洁、经济的能源”；而福岛核事故后，88.7% 的人认为核能“有潜在危险，需谨慎利用”，仅有 1.9% 的受访者仍然支持核电是清洁和经济的。由此可见，提升公众对核电认知度和接受度迫在眉睫。

那么，日常生活中的人们对我们核电厂建设又存在哪些误解呢？下面我主要从三大方面进行详尽的阐述，希望大家能得到启发和正确的核知识。

第一大误解：认为核电厂的安全性不高

由于核电知识的匮乏，且历史上几次重大核事故的发生，大家对核电的负面“刻板印象”已经形成，即认为核电厂一旦出现事故，后果将不堪设想。事实却并非如此，如前所述，核电厂遵守的安全原则及安全设计，已经形成了严密的安全防控体系，即便是发生核事故，也不会对公众的生活产生较大影响。特别是我国在第三代、第四代核电技术上的突破，可以将重大核安全事故的影响降到最低，几乎为零。

第二大误解：认为放射性废物会危害健康

国家倡导建设资源节约型、环境友好型社会，这给我们核电家族提供了大展身手的好的时机。我们核电厂规模也与日俱增，所产生的各类放射性废物也会增多。那么大家就会担忧了，那些所排放的物质会不会有害于身体，污染环境呢？不会，我举个例子来说明。以核电厂的烟囱为例，那些飘向天空中的白烟不是放射性物质，这些烟囱的主要用途是排风排气，所排放的白烟其实就是水蒸气，因热交换产生，但并没有放射性。对于排放的各房间通风的气体而言，含有少量的放射性，经过过滤和监测在规定限制以内，且过滤器定期更换，并另外处理，对环境和公众均无影响。

在核电厂运转过程中产生的具有放射性的废料，都会根据其化学性质、物理性质和放射性水平的不同，被送往后处理厂进行严格处理，后处理厂对核废料中的有用部分进行分离并回收利用，剩余不能被回收的废料则会经过固化处理后被深埋于地下，一段时间后，这些废料中的放射性物质就会衰变成对人体无害的物质。我国已建成用于处置核废料的西北处置场、华南处置场，并正在积极推进在核电厂集中地区建设新的处置场，为我国核电的发展解决后顾之忧。

第三大误解：认为住在核电厂旁会被辐射

辐射本来就是无时无处不在，核辐射也是不可避免，尤其是核电厂附近的居民会担心核辐射会危害身体健康，就会抵制核电厂的建设。其实，日常生活中存在很多辐射，比如消毒、保鲜、治疗疾病等过程中也存在辐射，辐射是否有害，需要通过看剂量来判断。人们受到的放射性照射大约有 82% 来自天然环境，大约有 17% 来自医疗照射，而来自其他活动大约只有 1%。我们日常生活中受到辐射的来源和剂量究竟有多少呢？详见图 1-2 来说明。

辐射来源	辐射剂量
我国陆地辐射	0.55 毫希 / 年
我国某些高本底地区	3.7 毫希 / 年
宇宙射线（地面）	0.26 毫希 / 年
砖房	0.41 毫希 / 年
食物	0.2 毫希 / 年
土壤、空气	0.5 毫希 / 年
北京至欧洲乘飞机往返一次	0.04 毫希 / 次
胸部 X 射线摄影	0.14 毫希 / 次
核电厂周围	0.01 毫希 / 年
吸烟 20 支 / 天	1 毫希 / 年

图 1-2　数据来源《核辐射防护手册》

由此可知，相比其他辐射源，住在核电厂周围核辐射剂量仅仅只有 0.01 毫希 / 年，可以说是微乎其微。但是人们对建设核电厂的态度仍然是谈核色变、避之不及，有的人甚至认为核电厂就是原子弹，随时会爆炸。究其原因就是对核电厂知识获取途径的缺乏，社会还没有形成一种共识，即使共识达成却没有广泛传播于公众，让大家可以方便快捷地获取。为了引导公众理性认知与看待核能项目，一个很重要的途径就是由政府主导、行业协会和企业共同努力，长期开展核知识科普宣教等公众沟通活动。

二、为何怕我，其实你不懂我的心

大家之所以会谈我色变，害怕恐惧。首先是因为对核风险的认知来自于核武器的巨大威力及在战争中应用带来的毁灭性灾难，其次是因为我们核电先后发生了多起具有重大影响的核事故和一些影响相对有限的核事件。截至目前，世界商用核电厂发生过三次严重事故——

三哩岛核事故、切尔诺贝利核事故和福岛核事故。

三哩岛核事故：1979 年 3 月 28 日发生的美国三哩岛核电厂事故，虽然事故中无人员受伤和死亡，但却令核电厂附近的居民惊恐不安，约 20 万人撤出这一地区。美国各大城市的群众和正在修建核电厂的地区的居民纷纷举行集会示威，要求停建或关闭核电厂，这也成为美国核电发展史上的一个分水岭，极大打击了公众对核电安全的信心。

切尔诺贝利核事故：1986 年 4 月 26 日发生的苏联切尔诺贝利核电厂事故，由于其先天性的设计缺陷和运行人员严重违反运行规程，发生剧烈爆炸而解体，造成了大范围的环境污染，并直接导致 28 人死亡，酿成了人类利用核能以来最为严重的核事故，严重打击了公众对核电的支持和信心，使全球的民用核能行业迈入了长达十几年的寒冬期。

福岛核事故：2011 年 3 月 11 日发生的日本福岛核事故，受东北太平洋海域发生的大地震及随后而至的海啸影响，日本福岛第一核电厂遭受了多机组熔毁的厄运，成为自切尔诺贝利核事故以来最严重的核事故。虽然事故带来的放射性健康后果较小，但引发了全球对核安全的广泛担忧，在中国多地甚至出现了抢购碘盐的现象，由此形成的“核泄漏恐惧”持续很长一段时间。

三次重大的核事故，坦白来说，人们广泛出现的担忧和反对之音都事出有因，可以理解，但由于发生过不能因噎废食，完全屏蔽掉、甚至放弃与我们核电的沟通与交流。我深知，如今传播环境的改变为核电项目公众沟通带来了全新的要求和挑战。

在“互联网 +”的时代，人们获取信息的手段更多元，媒体格局更开放，舆论环境更广阔。具体来讲表现有三：一是信息发布的渠道增多、门槛降低，公共舆论自动产生。在新媒体占据传播主导权的时代，公众不仅是核电宣传的受众，也是意见表达者。公众自我“发声”的诉求愈加强烈，他们可以通过各种形式的自媒体平台（微博、微信、抖音等）发出自己的声音，以往“沉默的大多数”已走向“全民麦克风”时代。二是传统的“把关人”作用被消解，核电公众宣传的导向性缺失。新兴媒体的全民意见表达将传统媒体平台的信息审核机制瓦解，从整个网络舆论范围来看，自媒体消解了“把关人”的存在，进而削弱了核电公众宣传的导向性。这也给了一些不法分子可乘之机。他们借助网络平台哗众取宠、危言耸听，给核电发展的舆论环境带来了威胁。三是网络的裂变式传播速度加大并拓宽了人们对公共事件的关注度。对比切尔诺贝利核事故及福岛核事故所造成的不同范围的影响力，可以清晰地看到，20 世纪 80 年代切尔诺贝利核事故的主要影响范围局限于我国香港、广东，受其冲击较大的是大亚湾核电站。然而，时隔 25 年以后，福岛核事故的影响力波及全球。不得不说，网络的信息裂变式传播在整个事件中起了推波助澜的作用。

毋庸置疑，我们核电在新媒体时代应与时俱进，以最快最权威的方式让大家明白核事故的本质。三次核安全事故，就是三次“邻避事件”。大家都知道著名的“塔西佗陷阱”，即当公权力失去公信力时，无论发表什么言论、无论做什么事，社会都会给以负面评价。“塔西佗陷阱”虽然强调的是执政者与人民群众应保持密切的沟通与联系，但是也给我们的核电沟通工作带来新的启示。

过去十年间，“什邡事件”“启东事件”“江门事件”等邻避问题已进入民众视野，而每一个邻避事件所涉及的项目，都是对国家经济社会发展有巨大推动作用的重要项目，如垃圾焚烧厂项目、PX 项目、核项目等。这些重大项目引发的群体性反对事件，不仅浪费了高昂的经济成本和发展机遇，也为核电发展敲响了警钟，折射出我们在社会管理和公众沟通方面还有很多工作缺失。

反核运动是一种反对核能应用的社会运动，策划者和参加者多为环保主义者或专业人士。他们在当地、全国乃至世界范围内组织运动。较大的此类组织有国际防止核战争医生组织、核裁军运动、地球之友、绿色和平等。这些运动最初的目的是促成核裁军，但现在，运动的重点已转向了反对核应用。

反核运动本质上属于“邻避运动”。“邻避运动”最早起源于西方国家。“Not In My BackYard”（不要建在我家后院）这个词由英国 20 世纪 80 年代的环境事务大臣尼古拉斯·雷德利创造，后来逐渐流行开来。“邻避运动”意指居民为了保护自己的生活环境免受具有负面效应的公共或工业设施干扰，而发起的社会反抗行为。从这个词的起源上看，“邻避运动”跟环境保护密切相关，只是“邻避运动”强调的是保护地方民众的小环境而不是人类或整个社会的大环境。20 世纪，台湾“邻避运动”中的经典名言“鸡屎拉在我家后院，鸡蛋却下在别人家里”，即反映出这种环境保护的地方主义色彩。

反核运动最早发源于民众反对核武器的运动，从 1951 年至 1962 年，美国政府在内华达试验场附近进行了 100 次大气核试验。调查表明，核军备竞赛增加了公众的不安，尤其是大气核武器试验将放射性沉降物输送到全球。1962 年，Linus Pauling 因其阻止大气核武器试验的努力获得诺贝尔和平奖，接着，“禁止原子弹”运动扩展到整个美国以至全球。后来在核能和平利用中也逐渐出现了反核运动，1958 年太平洋天然气和电力公司（Pacific Gas & Electric）计划在美国博德加海湾（Bodega Bay）旧金山以北建造世界上第一个商用核反应堆，该提议受到当地居民的反对并发生了冲突，冲突在 1964 年结束，结果是被迫放弃在博德加海湾建核电厂。到 20 世纪 70 年代，反核运动急剧增加，主要关注焦点为核安全，批评决策过程中缺少公众参与。1977 年 7 月在西班牙毕尔巴鄂发生的反核能示威，吸引了多达 20 多万人参与；三哩岛核事故后，1979 年 5 月在华盛顿爆发了 6.5 万人的反核示威活动，9 月 23 日，在纽约市发生了近 20 万人参加的反核运动。1981 年，德国有史以来最大的反核游行为抗议汉堡以西的布罗克多夫核电厂而发生。在这场运动中，10 万示威者与 1 万名警察发生冲突。1982 年 6 月 12 日，100 万人在纽约街头游行反对核武器，这是迄今为止最大规模的反核示威活动。

在 1986 年切尔诺贝利核事故之后的很多年里，核能在大多数国家都没有被提上议事日程，反核运动似乎取得了胜利，部分反核组织已经解散。但 20 世纪初，由于核反应堆设计的改进和对气候变化的担心，核电重新回到了一些国家能源政策的讨论中。2011 年，日本福岛核事故又使核电厂的复兴减缓，并且使全世界对核能的热情下降，使各国政府不得不进入观望状态。因此，在 2011 年 6 月，澳大利亚、奥地利、丹麦、希腊、冰岛、意大利、列支敦士登、卢森堡、马耳他、葡萄牙、以色列、马来西亚、新西兰和挪威等国拒绝核能的使用。同时，德国和瑞士决定逐渐放弃核能发电。2013 年 9 月，法国总统奥朗德在环境会议上提出，到 2025 年要将法国的核电比例降至总发电量的 50%，并在 2016 年关闭费斯内姆核电厂的两个核反应堆，虽然减少核能比例是 2012 年奥朗德竞选总统的一个重要内容，但是作为世界核电比例占能源供给总量最高、世界上最大的电力净出口国家——法国做出能源战略调整，不得不引起我们的思考。

沉思公众的反核动机，是为了更好地做好做细未来的核电公众沟通工作，让核电真正走进大家的生活，和谐相处。主要有以下几个方面的反对动机。

1. 个人承担风险或利益受损

即使在大家了解核电厂及核设施拥有巨大价值以后，依然不欢迎核电厂建在自己家的后院。是因为“邻避设施”通常对大多数人都有好处，但其环境和经济成本则集中在特定人群，由此造成成本与效益不对称，并导致了不公平，所以公众往往会强烈反对“邻避设施”建造在自家附近。

2. 缺乏核与辐射专业知识

公众对核能的真正认识在很大程度上来自大众媒体或反核组织敏感而灾难性的宣传。核能问题不仅仅受到科学和技术的关注，而且还受到社会和政治的关注。然而，公众并没有获取足够的核与辐射专业知识的途径。大家常常只关心核能潜在的危险，过度夸大了放射性对人体健康和环境的危害。

当大多数的核能专家认为核能与化石能源同样安全时，并不能说服公众，半数以上公众认为核能不安全；多数公众认为核能是一种有害能源，必须被逐渐淘汰。这种取消核能的观点得到了大部分 NGO、大众媒体、绿党和某些政治运动的广泛支持，尤其在三哩岛和切尔诺贝利核事故以后这种呼声越来越高。回顾杞县卡源事件、福岛抢盐风波再到江门反核事件，究其原因就是公众缺乏核与辐射安全专业知识背景，从而引起“邻避事件”。

3. 质疑核安全宣传

当政府在进行涉核项目的决策时，仅仅用该项目“有利于国家某个方面的战略发展”或者“有利于人民生活质量的提高”等空洞的说辞，来形容我们核电事业的好处，这样不以人为本的做法是无法取信于民的。决策者对涉核项目的决策后果表述不清楚，政府和相关企业又更多从“成本——收益”的角度考虑问题，重点关注短期经济后果，对公众关心的问题往往缺少回应。自然会引起大家的怀疑和反对，特别是极力反对涉核项目的群体，认为仅仅看到短期经济后果远远不够，还要让公众真正获悉诸如健康后果、生态后果、政治与社会后果，而这些问题恰恰被决策者所忽略。

4. 公众参与度不够

核电，虽然已经在世界范围内被公认为是最安全、最环保的能源，但是国人对我们核能的认知还处于萌芽状态。过去中国核电企业和政府也通过各种渠道宣传这些科普知识，然而，真正导致公众对核电不信任的原因，是源于核电厂建设中的公众参与度不够。公众参与“邻避设施”项目的决策是公共政策的一个必备环节。但在现实决策过程中，决策者和项目建设者倾向于排除公众的合理诉求，不让公众涉足决策过程的核心部分。当政府迫于舆论压力不得不邀请公众参与的时候，又可能会用肤浅的、表面化的民意调查来代替实实在在的公众意见征询，搞虚假参与。政府和厂商运用自身信息和资源的优势，凭借其拥有的舆论工具对公众进行“风险教育”，将理应双向平等的风险沟通变成了单向的风险可接受性操控。公众发现自己总是被利用而不是被尊重，因而最终选择放弃正式的参与途径，转而抵制“邻避设施”项目的落地。

5. 不正当利益和敌对势力的推波助澜

受现实利益驱使，利用大众“恐核”心理，以反核名义表达个人诉求或谋取不正当利益；

甚至受境内外敌对势力操纵和利用，通过反核运动，对我国的经济发展和国家安全实施破坏也是两种不可忽视的反核动机。

在国（境）外，某些环保组织对环保的理念产生了极端化的扭曲，他们往往对环境的要求、评价超出了人类社会所能够承受的标准，会表现出一些不切实际的偏激和过分的热情。近年来，极端环保组织策划的反核游行屡见不鲜：2009 年 9 月 1 日中午，大约 15 名绿色和平组织（Green Peace）的成员登上了德国国会大厦的顶端，并展开了一幅长达 15 米的反核标语，上面写着"一个无核的未来"。2011 年 3 月 20 日，台湾某环保团体发起了"非核家园"游行，表达反核决心。依据上述公众反核动机，结合我国近年来反核事件的实际情况，我国目前的反核群体具体可分为以下六类：一是设施利益相关者（包括核电设施附近受到邻避影响的居民、房地产拥有者、开发商以及其他利益相关者）；二是专业知识缺乏者；三是知识阶层及社会组织；四是对政府不满人士（在其他非涉核问题上对政府怀有不满情绪的人士）；五是以反核名义谋利者（包括为酬薪在网络上散播反核言论的个人及网络公关公司、受雇于反核团体进行反核游行的人群、为核电竞争领域代言而抨击核电的人士等）；六是境内外敌对势力。

恐惧源于不解，不解导致误解。尽管中国核电有着 30 多年的核安全发展经验，但大家依旧对核电了解不深，心存疑惑。如果我们每一座核电厂的选址，每一次的决策，每一次的实施，政府、企业、社会团体与公众都能坦诚交流，鼓励并支持社会各界对核电项目的建设提出宝贵的意见，为我国核电事业建立顺畅的公众沟通机制，那么必将为核电未来的发展创造出和谐的舆论氛围。

三、反我心理，一千个伤心的理由

我们核电家族想要发展壮大，没有大家的理解和支持是万万做不到的。可以说公众的接受程度决定了我们的未来。纵览世界各国的核电发展历程，大都经历了公众由反对到质疑，再到接受的心理变化过程。因此，深入了解大家反对的心理和原因，是核电公众沟通工作者必须要知道的事。

1. 第一手认知者至关重要

核与辐射风险第一手认知者，顾名思义，就是能够直接向公众传播和宣传核与辐射认知的团体和个人，主要由政府、媒体记者、核电行业专家、反核人士等团体或个人组成。大家由于受到外在条件的限制，其实是无法获知核与辐射的风险和危害，对核电知识的了解大多由这些人士的描述和各种交流活动获取。这些第一手认知者的作用对核电公众沟通举足轻重。他们是核电风险的放大器或减弱器，把自己对核与辐射风险认识结果通过媒体和各种交流活动传递到公众，是公众对核与辐射风险认知和判断的前提条件。

2. 核认知的多重影响

核安全的事件一旦发生，公众会很快从核与辐射风险第一手认知者那里获取信息。大家接收到信息以后，首先会加入自己的理解与判断核和与辐射的风险状况，接着又会受到所在团体、社会、文化等各种因素的影响，多重的维度相互融合，最终得出对该核事件的结论。而外界的多重维度很大程度上会影响个体对核与风险的认知程度。

3. 接受核与辐射风险的因素

公众能不能接受核与辐射风险，由多种因素交织而成的。当公众对核与辐射的风险形成认知后，他们根据利益、风险平衡来选择是否接受核与辐射。如果认为核与辐射给他们带来的利益高于需承担的风险，则支持；反之，如果他们认知的核与辐射对其风险很大，高于其带来的利益，就会反对，并采取行动来表达其愿望。影响公众核与辐射接受性的因素主要是熟悉性、可参与性、可控制性和信任度的问题。

4. 认知过程是动态的、复杂的、闭合的

当反核的愿望表达行动反馈到第一手认知者时，媒体将会把这些放大的风险信息传递给大家，使大家对核与辐射风险的认知进一步感到不知所措，此时反对的人就会增多，而这一切又会反馈到第一手认知者那里，这样就形成一个正反馈系统。如果系统不能得到控制，就将会失去平衡，反之风险信息如果有所减弱，系统会形成一个负反馈系统，逐渐稳定达到平衡。大家的认知过程不是一成不变的，是动态发展的，并且受外界的影响极大，因此，一定要明确哪些信息是值得信赖，哪些是需要警惕的。

下面，我就从六大心理来解析大家为什么会如此反对核能事业。

1. 恐慌心理：不了解，才会害怕

其实，大家对我们核家族恐慌很正常，你对不了解的事当然无法轻易接受。无论是“核电恐惧症”还是“抢盐风波”，其根源都是民众恐慌心理的体现。恐慌心理形成的原因是多方面的，既有民众对核电知识的知之甚少，也有对政府公信力的质疑，更有对当前生活环境的堪忧。尽管当今科技水平下发生核电厂事故的概率很低，但问题是，一旦有事故发生，就会对民众的心理产生不可估量的影响。所以，想发展核能，首先要过的就是与恐惧心理有关的民意关。

2014 年年初，“核雾染”一词成为网络高频词。该词缘于一位自称“物理博士”的马可安的一篇文章《雾霾另一个真相——核雾污染》。文中将雾霾经久不散的原因归咎于空气中飘浮的粉尘颗粒，据说这种粉尘颗粒中含有来自内蒙古自治区大营地区煤矿的放射性铀。“核雾染”成为关注热点，折射出民众对严重空气污染和求解雾霾之谜的诉求与焦虑。后来经过核专家的权威解读以及作者的“认错”，该舆情才逐渐平息。从网民围绕“核雾染”的讨论中不难发现，对于“核辐射”的恐惧愈演愈烈，同时也必须要注意到，在恐惧心理作用下，负面的解读及情绪更容易形成共识。

2. 共情心理：不熟悉，才会抗拒

大家即使知道核电的优越性、环保性和经济价值，但依然不愿意甚至反对将核电厂建在自家“后院”，究其原因，还是“邻避效应”的影响。“这件事很好，但不要和我紧密相关”，情绪上的因素是大家反对核电厂建在自家附近的直接原因。对核电事业危险的刻板印象又会把大家一次次带入到一个负面情境之中，仿佛核安全事故已然发生了一样，陷入其中无法自拔，这种负面的情绪一经煽动便会不可抑制地爆发。共情心理的本质是大家不熟悉我们核电家族的安全性，不明白核能的工作原理，不愿意听来自专家权威的解释。因而，让核电事业在阳光下运行，是打开公众心扉、解除公众疑惑最直接有效的办法。

3. 猎奇心理：因为好奇，所以诘问

猎奇心理是受众心理的一种，即要求获得有关新奇事物或新奇现象的心理状态。大家对我们核家族充满好奇，想要知道我们是什么样的事物，这本无可厚非，但是过度地猎奇，甚至歪曲我们核家族就不可取。

对于核电事件，网民的“诘问”可以轻易地反映出其猎奇心理，且在事件真相尚未公开前，网民的猎奇心态对议题设置起到关键作用。如某地规划上马核电厂项目，便会有网民揣测其中一定有政府与核电企业的利益输送，甚至会波及地方政府主要官员，形成次生舆情。而在一些重大涉及“反核”游行示威活动中，也一定会伴有类似军警镇压、警民冲突等谣言。这些谣言同样在其他不了解情况的网民的猎奇心理作用下不断转发扩散，如 2016 年 8 月发生的连云港市民抗议乏燃料处理厂事件，网上出现各类关于“警察拖行殴打群众并致一人死亡”的信息，最终被官方证实为谣言。

反向而思，网民的猎奇也是加速核电企业进行科普的最佳时机，如果适时开放核电厂的工作环境、运转流程或者展示一线员工的工作状态，用真实回应诘问，用真相回答猎奇，在答疑解惑中与公众更靠近。

4. 忧虑心理：放大问题，脱离实际

近些年，国家大力提倡“绿水青山就是金山银山”的生态理念，而使用清洁环保的能源就是实现这一理念的最佳途径。但令人奇怪的是，核电项目愈是大力推进，网络“抵核”言论就愈是层出不穷。像在河南、湖南、湖北、江苏等地均出现过大量反对核电项目落户的言论，个别地区甚至出现了线下游行示威的集体行动。这似乎是一种悖论，公众仿佛又习以为常。

经过深入调研和分析，我们发现：他们主要通过国外核电事故来放大社会忧虑，以此寻求共识。此类言论或线下行动频频爆出，网民由此及彼，将自己代入到他人面临的安全困境中，进而假想自己也会有可能受到核威胁，从而最终形成集体焦虑。无论是网络空间还是现实社会，网民都习惯借助特定的事件不断放大忧虑情绪，营造一种“核电就是危险”的舆论氛围。可是看看我们周遭的现实生活，查查相关的核电信息，是真是假一望便知；过度解读与忧虑，实在是没有意义的行为。

5. 抵触心理：回应滞后，态度消极

抵触源于当你命令别人去做他们不信服的事，是由沟通不及时导致的恶劣后果。尤其是当突发舆情爆发后，一旦涉事主体响应滞后，网民的抵触心理便会占据上风。具体表现为官方理性引导，网民却不买账，要么习惯性质疑，要么极端化表达。

如发生在 2010 年的“大亚湾核泄漏风波”，该事最初由我国香港媒体曝光，而之后相关单位却以“这一事件没有达到应急事件等级”“如果小事也对外公布，可能会引起公众恐慌”等回应，于是引发了媒体及网民的不满与追问。虽然所谓的“核泄漏”只是虚惊一场，但因为官方回应的不及时、态度上的不积极不真诚，无形中更增加了民众的反感和抵触情绪，让事态演变为不可收拾。

6. 宣泄心理：借助网络，释放怨气

网络上从来不缺“喷友”，有些人在现实生活中受了委屈，有了挫折，对社会充满怨气，常常会借助虚拟网络进行释放，而特定类型的舆情事件刚好为其提供了宣泄的由头。网民通常会借助那些具备高敏感、烈度强、易反复等特征的行业作为“攻击”对象，并以自身的遭遇或独特视角进行解读，以获得更多网民的认可。特别是一些自媒体为了获取更多的关注，以更具有煽动性的内容来迎合网民的宣泄心理，这些正是核电厂、化工厂、垃圾处理站等相关事件会迅速引爆舆论场的主要原因。宣泄是网民表达诉求的一种方式，但非理性的宣泄容易催生谣言、网络暴力等负面现象，需要核电企业及主管部门高度警惕。

四、与你沟通，只要你过得比我好

如今中国的经济发展日新月异，“双创”工作蓬勃开展，综合国力逐步提升，核电事业也迎来了快速发展，国际影响力日趋凸显。技术的先进性和安全性都有很强的竞争力和话语权。全民素质的逐渐提高，促使公众参与社会公共事务的管理意识也逐步增强；互联网的逐步普及，新媒体异军突起，公众有了更多的途径来获取信息和表达观点，尤其是在全民关注的公共安全事件上。因而，我国核电发展面临着无处不在无时不在的公众考验，这也给核电的公众沟通工作提出来新的课题。

核安全文化建设离不开公众沟通。尽管中国核电已经发展了 40 余年，各核电企业也举办了形式多样的宣传活动，但还是没有形成系统的核安全文化，全社会对核电的认知明显不足。无论所受教育程度高低，人们对核安全常识都十分缺乏了解，因而在对核安全缺乏正确认知的前提下，大家出于趋利避害的本能选择，不支持甚至反对核电项目并不令人意外。只有创建与时俱进、通俗易懂的核安全文化，人们能够客观、正确、发展地看待核电，我们核电事业才能从根本上赢得全社会的理解和支持。但目前我们的大中小学并没有开展关于核安全文化的宣传教育，因此，公众沟通是目前宣传推广核安全文化最佳路径。

高速运转的时代，国家对维护公众在重大项目中的知情权、参与权和监督权更加重视。以核电项目为例，环境保护部曾明确规定，核电项目厂址选择阶段的公众沟通工作必须得到充分重视，公众沟通工作方案和核电项目选址阶段的沟通总结报告，作为厂址选择阶段公众沟通工作的支持性材料，为颁发核电项目厂址选择审查意见书的前提条件。《国家发展改革委重大固定资产投资项目社会稳定风险评估暂行办法》（发改办投资［2012］2492 号）、《国家发展改革委重大固定资产投资项目社会稳定风险分析篇章和评估报告编制大纲（试行）》（发改办投资［2013］428 号）明确规定，社会稳定风险分析应当作为项目可行性研究报告、项目申请报告的重要内容并设独立篇章。社会稳定风险评估报告是国家发展改革委审批、核准或者核报国务院审批、核准项目的重要依据，评估报告认为项目存在高风险或者中风险的，国家发展改革委不予审批、核准和核报。由此可见，公众意见已成为核电项目能否落地的决定性因素之一，起到了越来越重要的作用。

积极开展公众沟通，核电发展的必须。核电事业能否健康快速地发展，不仅取决于核电企业、政府间的默契，更取决于民众的认可与支持。从核能领域看，核电是利国利民、关乎长远的事业，其安全、清洁已经得到业内公认；从政府角度来看，对解决国家能源困境、发展地方经济等益处颇多。但我的诸多优势与利好，大家并不知道，认知上也存在较大的偏差。结果就是政府、企业自说自话，公众不信不听，尴尬又无奈。想要做到理想的公众沟通，不让公众沟通成为我国核电事业发展的瓶颈，就要从自身的内功做起，反思当前的思路和做法，以入情入理入心的方式提高公众接受度。中国核能行业协会研究开发部主任陈荣表示，公众对核电的接受度已成为影响核电发展的至关重要的因素。

当今人们对生活品质和环境的要求日益严格，对健康和环保的话题讨论更是居高不下，对核安全问题的关注更是超乎其他，因此，核电项目的信息透明和真诚沟通就显得格外必要。其实，很多时候并不是人们不支持国家的核电事业，而是某些政府或部门的公众沟通存在很大问题。在没有任何详细解释、没有充分纾解民众抵触情绪之前，为了经济利益就将项目匆匆上马。像近年来发生的诸如 PX 项目接连遭遇民意狙击事件、垃圾焚烧项目引发的群体性反对事件等，就是公众沟通失败的鲜活案例。换位思考，将心比心，没有人会对自己不理解的事情就盲目支持，更没有人愿意将存在风险的邻避设施建在自家附近。民众所表现的强烈排斥心理，实际上对重大项目的知情权、参与权和监督权的强烈需求，也警醒我们的公众沟通工作还需要做得更细致更人性化。

积极开展公众沟通，新媒体时代的必须。不透明、不公开、不平等对话是我们核电企业公众沟通工作存在的最大问题。以居高临下而不是平等对话的态度与公众交流，让他们处于被动地位，结果沟通效果甚微。以信息公开为例，近年来一些“邻避设施”因公众反对而下马的一个重要原因就是因为程序不透明、信息不公开、沟通不平等，导致了公众不知情不认可，最终丢掉了政府和企业的解释权和公信力。只有从“决定—宣布—辩护”模式走向“参与—协商—共识”模式，急公众之所急，想公众之所想，让他们由被动接受变主动参与，我们的邻避设施建设才会得以顺利开展。

网络无处不在的时代，传播无处不在的时刻，核电公众沟通工作挑战与机遇并存。社交媒体的迅猛发展将我们带入“全民麦克风”时代，传统的把关人作用被消解，进而削弱了核电公众宣传的导向性。网络的裂变式传播速度不仅加速了人们对公共事件的关注度，还扩大了核电项目公共事件的影响范围。因此，在全媒体矩阵的形势下，核电企业只有更加积极主动地与公众进行及时、平等、透明地沟通，才能在公众沟通中掌控主动权，赢得认同感。

第三节 开放：“核”公众沟通

福清核电

随着公众参与社会公共事务管理的意识逐渐增强，加之互联网的普及和媒体多元化，良好的公众沟通对核电未来发展大计不可或缺。核电企业公众沟通包括公众宣传、公众参与、信息公开及舆情管理等，围绕这四方面工作讲好核电故事，唱出核电“好声音”，是核电发展必须要做好的事情。

我们以中国核能电力股份有限公司（以下简称“中国核电”）为例，系统阐述核电企业在公众沟通工作中的主要做法，以期和各位真诚交流核电公众经验，达到相互借鉴共同提升的目的。

中国核电以标准化公众沟通指南为指导，树立“总部统筹、整合资源，项目牵引、突出重点，政企合作、协同互动”的沟通理念，建立一体化公众沟通管理机制，整合资源开展公众宣传、积极配合保障公众参与、及时透明做好信息公开、多措并举做好舆情管理。这既保障了公众对核电项目的知情权、参与权和监督权，又为核电安全高效发展创造了良好的舆论氛围和社会环境。

一、“核”公众沟通，要一套机制

明确公众沟通的目标，知道为了什么而沟通。核电企业开展公众沟通管理的总体目标非常清楚：即通过统筹运作，有效沟通，提高公众对核电的认知度和接受度，保障公众的知情权、参与权和监督权，为核电发展营造良好的舆论氛围和社会环境。经过多年的公众沟通实践，中国核电确立了“总部统筹、整合资源，项目牵引、突出重点，政企合作、协同互动”的公众沟通原则。

总部统筹、整合资源：指中国核工业集团有限公司（以下简称“中核集团”）及中国核电总部统筹，打破不同板块、不同成员单位之间的信息和资源壁垒，协调相关资源，建立统一的人才库、产品库，推进信息、经验共享与推广，增强合作交流，避免因资源不匹配而导致前期沟通错失良机，并促进经验传承。

项目牵引、突出重点：指以重大项目为牵引和支撑，与项目建设同谋划，同部署公众沟通相关工作。精准分析利益相关方的差异化需求，突出重点人群、重点内容，关注重点需求，针对重点宣传人群制定不同的宣传策略、采用不同的宣传方式，有针对性地解答公众关注的安全性、经济性、拆迁补偿和环境利益等重点问题。

政企合作、协同互动：指加强与国家有关部门、项目所在地各级地方政府的合作，建立信息沟通渠道和工作协调机制，按照“中央督导、地方主导、企业配合、公众参与”的总体原则，推动地方政府重视、加强核电项目前期公众沟通工作，注重满足公众需求，注重与项目周边群众互动。

建立一体化公众沟通管理机制，知晓哪些人员来负责沟通。中国核电项目前期公众沟通工作按照“政府主导、合力施策，周密谋划、循序渐进，双管齐下、两手并重，预防为主、防控结合”的指导思想，建立由生态环境部（国家核安全局），项目所在地省、市各级政府，集团公司、中国核电及项目建设单位共同参与的一体化公众沟通工作机制，着力提升公众宣传效果，加强信息公开时效，健全公众参与机制，提高舆情应对能力。

中国核电前期项目公众沟通的组织机构包括领导小组和执行组。其中，领导小组由项目所在地省人民政府组织省政法、宣传、公安、发改、通信等部门及市人民政府、中核集团、中国核电等单位和部门的相关人员组建而成。原则上，省人民政府为领导小组第一责任单位，尽力推动一名副省级领导担任领导小组组长。领导小组负责领导核电项目公众沟通工作、统筹处理超出项目所在市的公众沟通工作及重大舆情和跨省、跨市舆情的指挥调度和信息发布。

执行组由项目所在地市人民政府组织市政法、宣传、公安、发改、通信等相关职能部门和集团公司新闻宣传中心、中国核电、核电项目建设单位的相关人员组建而成。原则上，市人民政府为执行组第一责任单位，尽力推动一名市党政机关负责同志担任执行组组长，一名分管副市长担任执行组常务副组长。执行组负责组织实施核电项目公众沟通工作、配合实施超出项目所在市的公众沟通工作、实施舆情监测，跟踪舆情进展，及时向领导小组和执行组内部通报舆情信息和处理进展、一般舆情事件的应对以及配合重大舆情和跨省、跨市舆情的处理。

中国核电项目前期公众沟通工作中会编制专项工作方案，由核电项目所在地省人民政府和中核集团组织，项目所在地市人民政府和项目建设单位联合编制，经中核集团认可，由所在地省人民政府批准后实施。涉及跨省辖区实施公众沟通的工作方案，则由项目所在地省人民政府协调相关省人民政府参与公众沟通方案的编制和认可。

二、“核”公众沟通，要积极主动

心理学上的接受是因喜爱而接纳外界人和事物的一种行为心理。核心是价值观的认同。实现的手段多是信息堆积的结果。应用到我们核电领域，可以理解为，想要公众能够接受核安全这样一种价值观，需要他们的了解、接纳与心理认同才能实现。因而，及时准确公开核电项目的相关信息，可以帮助提高公众对核能利用的认同度；保障他们的监督权，引导他们科学理性地看待核电行业，实现大家对核电由陌生到了解、认同，到信任，从而支持的认知转变。这不但能够达到核电沟通工作的目标，而且能够真正实现社会公众与核电企业的双赢。

中国核电按照《环境影响评价公众参与暂行办法》（环发［2006］28 号）、《关于加强核电厂核与辐射安全信息公开的通知》（国核安函［2011］45 号）、《关于加强核与辐射安全公众宣传与信息公开工作的通知》（环办［2013］115 号）等多份法规和政策文件的要求，利用内外部媒体平台，及时公布企业基本情况、项目建设进度、机组运行状况、核电厂放射性流出物排放量、核电厂周围环境辐射监测情况、工作人员接受辐射剂量情况、应急计划区、应急方案、应急组织机构设置和运行事件等信息，为提高公众对核电的认知度、好感度，树立核电企业公开透明负责任的企业形象打下了坚实基础。

多年辛苦努力，终结硕果。中国核电在信息公开工作中总结了五条“宝典”：

宝典一：要与所在地市人民政府就各自负责公开的内容、时间点提前沟通，保持一致。

宝典二：对于项目中与环评报告相关信息的公开，应提前做好相应的舆情风险应对预案，并确保前期针对性宣传引导已开展到位。

宝典三：对于项目建设期间的进展情况披露，应该在公司网站建立专栏，并指定专门人员负责信息披露和更新。

宝典四：对于核电厂日常核与辐射安全运行信息，核电厂应建立专栏，并将相关形式进行转化，以通俗易懂的方式进行表述，切忌高深复杂。

宝典五：根据品牌发展的需要，注重社会责任的践行，通过新闻发布会、每年发布年度社会责任报告等形式，定期披露核电厂发展及安全运行的相关信息。

与此同时，中国核电十分注重信息发布的源头管理，增强信息的敏感性分析，比如在核电已成规模的东南沿海地区、尚未有核电项目的内陆地区，对核电的认知度存在明显差异，因此中国核电高度重视任何有可能被发酵的信息，对初始信息谨慎处理，从源头上控制舆情，把握好信息公开的时效性。

三、“核”公众沟通，要敢于创新

客观来说，我们核技术专业性强，涉及众多边缘学科，技术尖端而复杂，不经过专业的培训很难对其有清晰的认识和理解。为了避免说教式、灌输式、被动式的宣传使公众感到枯燥乏味或晦涩难懂，中国核电致力于用“接地气”的形式进行“微笑科普”。

一是结合新媒体特点，形成一系列易于为公众理解和接受的标准化宣传产品，如国内首部核电科普动画片《核电那些事》，采用动漫方式，用流行元素普及核电知识，颇具可读性和趣味性，制作也十分巧妙别致，受到网友的一致好评。另外，漫画书《核我约会吧》、核电科普知识挂图、科普讲解 PPT 等宣传材料，也都是用通俗易懂的语言传播核电科普知识，获得了很好的公众反响。

二是加强媒体合作，与人民日报、新华社、中央电视台等主流媒体建立起良好合作关系，注重打造类似于《解密中核》这样有影响力的宣传文化精品，利用“华龙一号”示范工程建设、新机组并网发电等重大事件节点与主流媒体进行广泛合作和全网传播，系统介绍中国核电发展现状，提高公众对中核的关注度。

三是加强新媒体传播平台，用好“三微一端”（微博、微信、微视频和客户端），打造像《核电小苹果》这样的微文化精品，塑造“核电宝宝”卡通形象，抢占新媒体阵地。

四、“核”公众沟通，要关注舆情

建立一体化立体舆情管理网络。中国核电以板块为中心，按照“本部统筹、上下联动、专业支持”的思路，搭建了以中国核电和各成员公司为纵线、以各成员公司与地方网宣、网监部门为横线的立体舆情管理网络。一旦发生舆情事件，中国核电舆情应对办公室借助财经公关等专业机构进行研判和分级应对指导，成员公司借助地方宣传部门网宣办、公安部门网监办等资源进行具体舆情的处置与应对。

制定舆情管理制度，明确舆情管理流程。为了规范舆情应对机制，提高舆情防范和应对能力，中国核电制定了舆情管理制度，对舆情进行分级，明确舆情管控权责界面和响应的层级要求，梳理舆情应对流程，形成上下联动的舆情处置机制。

针对不同类型的舆情，中国核电制定了不同的应对策略：针对由于公众缺乏科学素养引发的涉核舆情，主要通过加强公众宣传和科普工作，消除公众疑虑；针对公众参与不充分引发的涉核舆情，则通过加强信息公开，扩大公众参与的广度和深度；针对利益诉求引发的涉核舆情，则通过加强与利益相关者的协商和沟通，尽力平衡各方利益诉求；针对恶意策划的涉核舆情，必要时请公安、司法部门介入调查处理。

另外，从多次的舆情事件来分析，移动新媒体已经成为信息传播的首要渠道，在新媒体时代，如何与新兴媒体类型进行合作和引导，甚至成了舆情事件中近乎于决定性的部分。在相关项目的地域，中国核电积极进行新媒体研判发掘，形成相应的媒体矩阵渠道，通过矩阵，在重要信息披露之前，进行相应的素材广告投放，引导舆论走向。

建立专业队伍，响应舆情引导。通过组织专业培训、提供资源保障，中国核电组建了“发言人 + 宣传专员 + 引导员”的舆情应对团队，努力抢占舆论引导的主动权，充分发挥舆情“稳定器”的作用。一是开展新闻发言人培训班，提升新闻发言人在全媒体时代进行舆情应对和公众沟通的能力；二是培养宣传专员为舆情应对的核心团队，提供相关支持和保障，发动宣传专员参加网络舆情分析师专业培训，提升宣传专员网络舆情应对能力；三是组建舆情引导员队伍，涵盖中国核电本部及各成员公司在安全、技术、运行、党群等各个领域的业务骨干，一旦发生网络舆情事件，可迅速有效地进行舆情引导。

五、“核”公众沟通，走亲民路线

明确知情、公开、平等、广泛、便利的公众参与原则。与公众面对面，邀请其参与核电项目，是赢得公众对核电事业支持的前提之一。中国核电建立了常态化的公众对话机制，针对新项目开展问卷调查、座谈会、专家论证会、新闻发布会等参与活动，注重对各方面的沟通和反馈；依法合规开展公众参与工作，积极配合项目所在地市人民政府实施，为选址阶段的公众问卷调查、公众沟通座谈会等向项目所在地市人民政府和意见反馈工作提供必要的技术支持；在公众参与工作中，科学评估参与前的社会舆论氛围和公众态度，注重参与过程中的舆情风险防控。

多渠道、多形式提升公众参与互动性。

一是因地制宜搭建对话平台。中国核电认真研究项目所在地经济社会环境、人文特点和民俗风情，因地制宜，采用群众喜闻乐见的方式开展公众交流，如在辽宁、湖南等地开展科普大篷车活动，来增进公众对核电的了解与支持。

二是打造品牌活动将公众“请进来”。持续开展“魅力之光”杯全国中学生核电科普知识竞赛暨夏令营等品牌活动的影响力。每年持续开展公众开放活动，将各级政府、周边居民、学生、媒体、意见领袖等群体请进核电基地和周边社区参与活动，大家各抒己见与我们进行现场交流。

三是坚持科普先行。在推进核电项目前期建设时科普先行，注重将国家利益、企业利益与地方政府和公众利益紧密联系起来，提早让大家明白我们核电正在做的事。

四是培育发展核科普旅游和展览。在项目所在地及附近城市建立核电科普展厅或附属设施，其中，秦山核电在浙江海盐县规划建设集科技、设计、培训、旅游为一体的核电科技馆，提供既有核电文化，又有当地历史文化的特色旅游线路，将核电与地方旅游有机结合，形成合作机制。截至目前，中国核电已建立了 10 余个核电科普展厅，多家成员公司被评为全国科普教育基地、工业旅游示范基地等。每年开展工业旅游项目，接待公众参观年均超过 20 万人，不断提高公众对核文化的兴趣，了解核电的知识。

六、“核”公众沟通，建传播矩阵

核电舆情事件一旦出现“失控”，焦虑情绪就会蔓延，网民及核电厂周边民众就会用反抗情绪施压于政府。究其根本，主要与沟通不到位、信息不对称有关。因而，建立立体化的传播体系，加强核电企业、政府在协调沟通、平等对话层面的投入，不仅有助于减少情绪宣泄，还更有利于高效地解决实际问题。立体化的传播体系，就目前而言，就是要构建全面的传播矩阵，做好内外部的媒体布局。

对内，需要不断强化内刊、网站、微信、微博、抖音等自媒体平台的建设，这也是关键传播出口，它们掌握着权威信息的发布、解读等功能，需要有较强的政治敏感及舆情素养，宣传首先要修炼好内功才能有的放矢。

对外，需要重点打造核电宣传的外延，即传播介质与传播口碑。在做好内宣的同时，需要将核电行业的“好故事”“好声音”二次改造，借助主流媒体的全媒体传播平台、关注核电事业的意见领袖、核电行业垂直网站、论坛等传播途径，将需要传播的信息进行广域传播。并在信息传播过程中，注意及时搜集民众的反馈，进行时时口碑的分析，尤其针对负面信息进行及时干预。

若干年的创新探索，我国核电公众宣传已初具规模，即形成以政府部门为主导、核电企业为主力、主流媒体为平台的协同合作的沟通网络。

政府是公众沟通的领导主体。为了保障公众沟通的公正性和代表性，核电项目公众沟通工作应由政府来主导，通过座谈会、公众听证会、人大常委会审议等立法形式，保证公众的知情权、参与权、监督权，确保企业的合法权益不受侵害。

企业是公众沟通的执行主力。企业作为项目开发的主体和利益方，大力执行公众沟通责无旁贷。核电企业的公众沟通应涵盖科普宣传、公众参与、信息公开及舆情管理等各个方面，贯穿核电项目厂址选择、建造、调试、运行和退役的全过程。每一次的决策，每一次的制定，每一次的变化，我们都会向公众真实和公开的说明，让公众安心。

媒体是公众沟通的重要平台。媒体具有公开透明、传播力度大、传播范围广等优势，尤其是以微信为主的新媒体，更是提供了“全民参与、广泛讨论”的窗口。媒体是一座架在公众和政府之间沟通的桥梁，起到“上传下达”潜移默化的作用。

在传播策略上，不同的受众群体，传播的手段也应有所区别。例如，对党政机关主要领导，主要采用拜访、会谈，请院士、专家在党委中心组学习上作科普讲座，考察参考电厂等传播方式，内容关注核电基础知识、核电建设对地方经济和社会的积极影响，如税收、就业、消费、环境治理等；对媒体记者、医生、教师、知识分子、企业家等意见领袖，则采用发放专业科普材料、组织座谈会、参观运行电厂和媒体宣传等方式，内容重点关注核电的基本原理和固有安全性，核电能源的优越性等；对项目周边的普通居民及学生，则采用到核电厂参观，科普知识进社区、进学校，大篷车、电影下乡等特色及公益活动和媒体宣传等形式，内容重点关注核电基础知识和相关利益诉求的解答。

想要做好新时期的核电公众沟通，核电企业不仅需要注重与主流媒体的互动，及时传播核电好声音，还应该积极探索与“网络大V”、项目所在地意见领袖、新媒体运营者等的“亲密接触”，以真诚和平等之心与各媒体合作，采取“请进来”“走出去”等方式，从而形成良好的传播矩阵。

第四节 共享：“核”公众融合

三门核电

三十多年来，中国核电作为核电这一清洁能源行业的引领者和开拓者，在履行“奉献安全高效能源，创造清洁低碳生活”使命的同时，致力于用心做好公众沟通，不仅注重与国家部委、地方政府和上下游企业等重要利益相关方的沟通，还特别重视与公众的真诚沟通。以透明开放的态度，向各利益相关方敞开沟通之门，消除公众疑虑，拥抱美好未来。

一、融合发展，公众沟通为哪般

人类需要新鲜的空气，清洁的水源，干净的食物才能得以生存；自然需要绿色的植物、多样性的生物和无污染的海洋才能周而复始；地球需要人、自然、生态和谐相处才能焕发生机。人、自然、地球要如何才能和谐共存，本质就是世界需要安全、清洁、低碳、可靠的能源，而核电作为环保能源的代表，已被越来越多的国家所接纳和采用。世界核电正在掀起新一轮发展热潮。

第一，安全高效发展核电成为能源革命的重要方向。新一轮工业革命要求以清洁能源替代化石能源，推动能源产业革命。核电作为一种低碳清洁能源，正成为清洁能源利用与发展的主力。

第二，核电产业发展迎来国际战略机遇期。根据世界核协会统计，目前已有 45 个无核电国家正在认真考虑开发利用核能。据国际原子能机构预测，未来 10 年，除中国外，全球约有 60 至 70 台 100 万千瓦级核电机组建设，市场空间将达 1 万亿美元。美国、俄罗斯、法国、韩国等主要核电国家在保持本国核电发展的同时，积极参与国际核电项目建设。

第三，全球对核电产业发展提出了更严的要求。国际社会要求企业社会责任强制化、标准化新趋势，对包括核电在内的各个行业的发展提出更高标准，对核电企业商业活动的影响和约束日趋严格。这要求核电企业在发展中既要考虑经济效益，也要关注对环境、社会、公众等利益相关方的诉求，积极履行企业社会责任。

我们需要传递国家的声音，推动国家核电发展规划落地。发展核电是我国核能事业的重要组成部分。中国坚持发展与安全并重原则，执行安全高效发展核电政策，采用最先进的技术、最严格的标准发展核电。

积极推进核电建设、推动核电出口，是国家重要的能源战略，也是贯彻落实“创新、协调、绿色、开放、共享”五大发展理念的积极实践。按照我国核电中长期发展规划目标，到2030年，力争形成能够体现世界核电发展方向的科技研发体系和配套工业体系，核电技术装备在国际市场占据相当份额，全面实现建设核电强国目标。

“一带一路”倡议也为核电发展带来新机遇。习近平总书记、李克强总理多次在外事活动中推广我国核能技术，核电“走出去”已上升为国家战略，国家层面已出台推动核电“走出去”战略实施的多项举措。

我们需要传播专业的声音，帮助公众深化对核电的正确认知。从国际来看，福岛核事故对世界核电发展造成了一定的影响，导致了核电事业一度受挫，全球公众认知和接受程度成为核电发展的关键因素之一。从国内来看，普通公众对核电安全性的认知有限，“恐核心理”广泛存在，对核电安全更是缺乏基本了解和信任。一些核电项目极有可能在反对和质疑声中被迫拖延甚至中止，将会造成巨大的社会资源浪费。保障核电事业健康发展，需要持续增进与公众的沟通，洞悉和满足公众合理诉求，让公众明白核电是一种安全、清洁、可持续发展的能源，并且是国家重要的能源保障。

我们需要发出正确的声音，为核电行业发展营造具有公信力的舆论氛围。我们已经走入“全民麦克风”时代，新兴自媒体的全民意见表达将传统媒体的信息审核机制瓦解。一方面体现了社会公众的诉求日益重要，另一方面也带来了鱼龙混杂的网络信息。借助网络平台哗众取宠、危言耸听、混淆视听的事件时有发生，这也给核电健康发展构成了潜在威胁。作为核电科普的主力军和主要执行者，我们有责任传播正确的科学的声音，不断壮大主流舆论，不断提高自媒体舆论的及时性、权威性和公信力。

二、融合发展，公众沟通怎开启

我国的核电管理体制，政府、监管机构往往在核电项目前期、建设、运营等全过程发挥着重要的作用。以往，核电企业是以 B2B 的沟通模式，在运营过程中较为注重与各级政府、监管机构的交流，而常常会忽略与社会公众的沟通。现在，中国核电以更透明、更开放的方式，加强与政府、合作伙伴、社区公众等各利益相关方交流互动，公众沟通模式从 B2B 到 B2C 的扩展，以 Confidence（信心）、Connection（联结）、Coordination（协同）的“3C”沟通模型创新公众沟通实践，致力于重塑公众对中国核电及核电行业的信心，搭建起与公众连接的桥梁，携手公众为核电美好未来而努力。

1. 信心，让人更愿意信赖

中国核电用企业实力保障核电卓越的安全业绩，用完善的环境管理和监测系统呵护公众的敏感神经，用始终如一的安全运行，筑牢公众的信任之桥。30 多年来，作为我国核电事业的引领者和开拓者，中国核电不断地追求卓越、超越自我，在社会上树立了安全清洁、高效环保、勇担责任的企业形象，不断增强公众对我国安全高效发展核电的信心。

信心源于企业实力的彰显。1985 年大陆首座自主设计建造和管理运营的核电厂开始建设，即被誉为“国之光荣”的秦山核电厂。经过 30 多年的发展，秦山核电成为了我国装机容量最大、堆型品种最丰富、装机数量最多的核电基地。以秦山核电作为起点，陆续建设了田湾核电、福清核电、三门核电、海南核电等多个核电基地。2015 年，中国核电成为了国内 A 股首家纯核电上市公司。截至目前， 中国核电拥有控股子公司 21 家，联营公司 2 家，参股公司 3 家；控股在役核电机组 16 台，装机容量 1325.1 万千瓦；控股在建核电机组 9 台，装机容量 1011.9 万千瓦，总资产规模超过 2800 亿元，员工总数超过 10 000 人。公司各核电厂拥有的高级操纵员达 419 人，每年向 WANO 支援数十名经验丰富的专家。如此快速的发展是每一位核电人不断超越的精神传承，是对中国环境和公众的责任与担当，更是对美好家园的热爱与守护。

信心源于持续卓越的安全业绩。安全是核电事业的发展线、生命线也是企业底线。中国核电始终将“安全第一、质量第一”的方针落实到核电规划、建设、运行、退役全过程，用先进的技术，持续开展在役在建核电机组安全改造，不断提升既有核电机组安全性能。中国核电的核电机组安全运行水平不断提升，核电机组负荷因子持续三年领先国内同行。其中，秦山二期 3 号机组全面实现“90—30—00”目标，田湾 1、2 号机组首次实现“90—00”目标，六台机组位于世界优秀行列（前四分之一）。以福岛核事故为鉴，中国核电将其作为持续系统安全改进的起点，全面加强核电安全管理，提高核事故应急管理和响应能力，累计实现超过 130 堆 · 年安全无事故的运行业绩。

信心源于对环境的真心守护。环境是生命赖以生存的根本。中国核电建立了完善的环境监测体系和环境巡检记录体系，建成核电厂环境数据管理系统，采用统一的监测系统和数据管理平台将各核电厂环境数据集中管理，对核电厂周边环境辐射实时剂量率、累积剂量率、气象信息等进行连续监测，对水质、土壤、农副产品等环境监测介质开展监测与实验室分析，实现数据在线填报更新、实时查询和趋势分析，确保核电厂排入环境的流出物、固体废物、辐射环境状况的实时监控。根据环境辐射监测结果，公司各运行核电厂周边地区环境质量与本底调查阶段比较无明显变化，未对周围环境产生不良影响。30 多年来，以秦山核电为代表的我国核电站没有发生任何核安全事故，没有发生任何对环境产生影响事件，各项环境辐射监测指标保持在天然本底水平。在中美联合监测预防新生儿神经管畸形项目结果中显示，1991 年至 2001 年，秦山核电厂所在的海盐县婴儿平均出生畸形率低于嘉兴市同期水平，秦山地区环境辐射剂量率不足 0.01 毫希 / 年。

2. 联结，让彼此更亲近

专业的核电知识其实十分不易理解，我们想方设法将深奥的核电知识转变为公众通俗的内容，传达科学的核安全理念；以开放、透明的态度，通过信息公开、知识分享、科普活动，将核电企业的发展与公众的生活紧密联结；以持续的行动，帮助公众科学理性、客观公正地认知核电。尤其注重倾听和了解公众的意见、诉求，公开接受公众的监督，进一步提升自己的管理和沟通水平。

坦诚公开，只为让公众更信赖。我们通过网络信息公开、媒体信息公开、社会责任报告发布、新闻发布会等途径向公众及时公开发布运行指标、环境监测、三废管控、辐射防护等公众关切的核电厂相关信息，主动接受公众监督，使利益相关方能够第一时间全方位了解公司重要信息。以坦诚的态度和现代化的技术手段，保证信息透明度和时效性。自 2011 年首次发布以来，中国核电已发布 7 期社会责任报告，从倾力安全、给力环境、助力经济、致力人文等层面，客观全面地逐年披露我们在履行社会责任方面的实践与绩效。

生动传播，只为与公众更靠近。中国核电紧跟时代发展趋势，契合公众对知识信息的接受习惯，通过微漫画、微视频、动画等形式，将深奥的核电知识通过栩栩如生的形式进行传播，帮助公众更为理性地认识核电，增进公众的理解和支持。制作了国内首部核电科普动画片《核电那些事》，大量采用网络化语言，以诙谐幽默的口吻让科普带上“微笑”的表情。创作的《核电小苹果》网络点击量过千万，在第二届中国企业新媒体年会上获评“2014 年度中国企业新媒体传播十佳案例”。

深度体验，只为与公众更支持。中国核电通过开放参观核电基地、组织开展科普知识竞赛、开发工业旅游等活动，拓展公众参与的渠道，让更多公众能够零距离接触核电，让公众能够深入细致地了解核电，感受卓越的安全文化。打造“魅力之光”全国核电科普品牌，连续 7 年举办“魅力之光”核电科普知识竞赛，吸引来自全球 19 个国家、全国 34 个省（区、市）的 200 多万人参加，网络阅读超亿次。每年选取优秀中学生参加夏令营，通过聆听院士专家的讲座，参观核电基地、环境实验室，动手进行环境监测，与核电厂操纵员面对面交流等丰富多彩的活动，走进核电、了解核电，深度体验核电魅力。

3. 协同，让沟通更高效

集合更多力量，为沟通为建设为未来，做更多有意义的事。作为核电产业生态圈的一员，中国核电联合政府部门、核电同行、中国核学会、中国核能行业协会、研究院所、高等院校、媒体伙伴等越来越多的力量，一同积极回应各方对核电公众沟通的意见和建议，不断创新工作理念，改进工作方法，持续提高核电公众沟通实效。

政企联动提效率。中国核电注重发挥政企联动优势开展核电项目公众沟通工作，面向厂址周围一定范围内可能受核电项目直接或间接影响的群体，全天候加强科普宣传、公众参与、信息公开等工作，致力提升周边公众对核电工程建设的可接受度，以获得公众对核电项目的理解与支持。公司曾以“核电建设与地方发展”为主题，开展核电海盐论坛暨核电建设与地方发展座谈会，输出核电公众沟通的秦山范本。来自全国核能与环境专家、核电企业负责人、全国核电建设项目所在地负责人共 230 余位代表出席，共同剖析海盐与核电和谐发展实例，围绕不断创新公众与核电沟通融合的探索和实践、促进地方与核电和谐发展等议题展开研讨，取得了不俗的行业反响。

专业代言增信任。中国核电注重公众沟通的权威性，积极与权威机构、核电专家开展沟通活动，增进公众对核电运营企业和核安全的信心，推动行业企业共同营造和谐的核电发展氛围。2016 年 7 月 22 日，积极邀请王乃彦院士参与核电公众沟通活动，通过熊猫 TV 的网络直播间连线核电科普夏令营营员，以《如何成为一名优秀的科普工作者》为题为广大网友带来一场趣味核能科普，不仅增强了核电科普专业性，还提升核电科普传播的公信力。

行业联盟促和谐。中国核电注重分析提炼核电工作经验，加强与同行和区域伙伴的交流与互动，借鉴先进的公众沟通、核电发展等工作经验，共促核电行业的可持续发展。秦山核电依托企业发展实际，在为地方经济发展提供能源支撑的同时，吸引大批优质核电关联企业落户海盐，形成海盐县核电关联产业联盟，现拥有联盟企业 76 家，总产值突破 200 亿元。时任海盐县县长章剑自信地说道，“到 2020 年，中国核电城基本建成，将形成技术水平高、产业功能全、服务范围广、设施配套优的核电产业体系，力争核电及其关联产业产值达到 1000 亿元左右”。

三、融合发展，公众沟通知多少

精心沟通，终获肯定。2014 年 10 月，世界核电运营者协会（WANO）组织了世界各国近 20 名专家对中国核电进行了为期 12 天的全方位评估，最终公众沟通被 WANO 列为行业标杆——强项，向世界核电同行推广。

经过近几年的公众沟通实践，中国核电形成了以“魅力之光”杯全国中学生科普知识竞赛暨科普夏令营活动为龙头的众多科普品牌，通过全媒体立体宣传形成声势，影响范围不断扩大，较好地传播了科普知识，树立了核电企业良好形象。该活动自 2013 年首次开展以来，覆盖参赛人群已超过 100 万人，仅 2017 年初赛的参赛人数就达到了 43 万人，参赛人员不仅覆盖全国 34 个省、自治区、直辖市，还有来自法国、英国和澳大利亚等国的参赛者。

“魅力之光”不但获得了人民日报、人民网、中国环境报、中国能源报、新浪网、未来网、中学生报等主流媒体的高度关注，还在业界形成了较好的规模效应和品牌效应，得到了国家能源局、国家核安全局和中国核学会等的高度评价。

2017 年 7 月 18 日，在第五届“魅力之光”夏令营的开营仪式上，来自贵州从江县的“凤凰妹”吴倩香深情地讲述了她与“魅力之光”的情结：“‘魅力之光’带给我走出大山看世界的机会，见证了我从懵懂无知到满腔热情的蜕变，帮助我实现了大学梦想。是‘魅力之光’的土壤成就了今天的我，是‘魅力之光’将核电带入我的生命，让我有了努力的方向和奋斗的动力！”

围绕“前期项目、在建工程、运行电站”三大领域，中国核电还制作了一系列标准化的科普宣传产品，如《核电那些事》科普动画片、《核我约会吧》漫画书，针对不同群体的科普讲解材料、科普宣传品手册等。新颖的科普内容频获公众点赞，较好地唱响了“核电好声音”，助力中国核电的整体品牌形象的打造。2016 年 7 月 18 日，中国核电通过微信发起的全面票选你心中的“魅力之星”投票活动中，吸引了 2.5 万人次阅览和投票，271 人点赞。

四、融合发展，沟通标准有几重

公众沟通既是核电发展的现实需要，也是国家法律法规的强制要求，公众沟通方面的法规依据主要有《中华人民共和国环境保护法》《中华人民共和国放射性污染防治法》《关于印发 < 环境保护部（国家核安全局）核辐射安全监管信息公开方案（试行）> 的函》（环办函［2011］45 号）、《关于印发 < 环境保护部（国家核安全局）核与辐射安全公众沟通工作方案 > 的通知》（环办函［2015］1134 号）等。

我国核电企业在公众沟通方面做了积极的探索与尝试，形成了较为成熟的沟通流程与标准。以中国核电为例，中国核电坚持“总部统筹、整合资源，项目牵引、突出重点，政企合作、协同互动”的公众沟通指导原则，搭建了以政府为主体和指导、以中国核电和成员公司为主力、以传统媒体和新媒体为平台的公众沟通立体网络，各方相互配合、协同共进，共同推动核电公众沟通取得实效。在公众沟通机制、沟通标准、沟通指南等方面形成了完备的体系。

为号召更广泛的社会力量支持我国核电产业发展，营造有利于核电安全高效发展的舆论氛围和社会环境，2016 年 12 月，中国核电发出了旨在唤起行业共识的我国首份核电产业公众沟通倡议——“上海倡议”，倡议内容主要包括以下几点。

及时准确发布敏感信息。根据国家要求，主动向社会发布敏感、专业信息，及时向社会公众披露项目开发、建设和运营相关信息，确保信息公开、透明。

持续创新公众沟通方式。结合核电发展的新形势、新任务，不断创新工作理念，针对不同沟通对象，持续开展各具特色的核电公众沟通活动。

加快培养卓越公众沟通队伍。核电企业应积极组织相关培训和交流，培养知核电、懂核电、爱核电，能沟通、愿沟通、善沟通的有公信力的专兼职公众沟通队伍，增强员工参与公众沟通的意愿和能力。

积极分享核电科普知识。核电企业应充分利用自身及行业影响力，借助各自的媒体资源及平台，积极传播核科普知识和核电产业最新发展成就。

共同搭建透明公众沟通平台。核电企业应采取集体行动，建立公众沟通、交流、共享的多方对话平台，倾听各方声音，推动核电产业实现更加包容、更加持续的发展。

大力构建和谐公众沟通伙伴关系。核电企业应打破行业界限，以更加开放的态度携手政府机构、行业协会、产业伙伴、媒体力量，建立并实施有效的合作机制，定期开展公众沟通活动，真诚回应公众对核电沟通的期望和诉求。

广泛动员公众支持核电发展。核电企业应积极动员公众在工作和生活中主动了解核电科学，增强公众对核电信息的认知和辨识能力，提高公众对核电和核安全的认知水平，使公众更理性、公正地对待、支持我国核电安全高效发展。

“上海倡议”不仅体现了核电企业的社会责任与担当，同时也为核电产业公众沟通工作的开展提供了范本。

为了适应中国目前核电大发展的趋势，改善公众沟通中存在的问题，中国核电制定发布了《公众沟通指南》《中国核电公众沟通白皮书》等，进一步梳理了公众沟通机制、明确了职责和工作内容，在实践中取得了较好的成效。一是促进了公众沟通规范化管理，借用成熟的传播学模式，梳理了公众沟通的主要内容，制定了开展工作的标准流程；二是通过统筹协调板块资源，集众家之智，形成公众沟通专业人才库和产品库，打破公司间壁垒，增强横向合作，实现了资源共享，节约了成本；三是通过优化流程、改进方法、完善产品，提高了公众沟通的效率。

五、融合发展，沟通效果该如何

有效的公众沟通工作，是要解开缠绕在公众心头对核电的“心结”，消除误解，减少隔阂，让公众真正了解、认可、支持核电，助力国家核电事业快速腾飞。

“核电厂厂内绿树成荫，风景如画、天空碧蓝得如水洗过一般，通过实地参观，我已完全消除了曾经的‘谈核色变’心理。”在第二届“魅力之光”杯科普夏令营活动中，来自河北海兴中学的学生赵子健说。在丰富的科普活动中，许多参与的小伙伴都纷纷表示学习了很多核电科普知识，消除了对核的恐惧和疑虑。

在《浙江省重点地区公众核电认知水平研究》中，中国核电委托第三方调查机构对海盐县、三门县和临海市三个地区 642 位公众进行问卷调查、50 位公众进行深度访谈。结果显示：核电厂在各方面都给当地公众留下了较好的印象，大家对核电厂具有较普遍的自豪感，并对核电厂给当地经济发展的振兴给予了普遍的肯定，认为核电厂的落户提高了当地的知名度，对核电厂有非常高的认同感。

调查数据显示，主动关注核能知识的公众，核能认知程度更高。虽然在本次接受调查的被访者中，只有 15% 的被访者表示，在最近半年内接触过核能知识相关的宣传和公众沟通。但是，从核能知识认知度来看，这部分被访者的认知水平显著高于未接触过宣传沟通活动的被访者。这一数据，也是对科普宣传活动效果的充分肯定。

再以中国核电辽宁徐大堡项目为例，徐大堡核电以项目所在地市级政府为公众沟通的实施主体，分工合作，共同制定和实施公众沟通的方案和措施，有计划、有步骤地开展各环节沟通工作。通过开展科普“十进”等活动，使葫芦岛人民认识了解核电，公众接受率从全面开展沟通工作前 2010 年的 60.9% 上升到 2013 年的 96.4%，地方人大高票一次性通过项目的建设提案，社会稳定风险评价报告一次性通过了专家评审。徐大堡项目被原环境保护部称赞为“核电公众沟通的样板”，它为新建核电项目公众沟通工作做出了良好的示范。原环境保护部也以徐大堡项目为蓝本形成了核电公众沟通的指南。

第二章　指南篇

身体力行：IDEAL 模式 + 六把钥匙 + 行动指南

众所周知，二氧化碳是全球变暖的主要因素，也是化石燃料的必然产物。有研究表明，当前地球的二氧化碳浓度与 300 万年前类似，而当时的海平面比现在要高出 3 米，可以看出人类所面临的巨大挑战。但与碳排放的斗争举步维艰，尤其不同于发达国家，大量的发展中国家正在进行工业化，大量的能源需求必然导致碳排放还将迅速增长，而发展清洁低碳的核电对降低碳排放、改善能源结构、促进可持续发展都有着重要意义。

社会公众对核和核安全的认知水平，是影响一个国家核能安全高效发展的重要因素。由于受历史上核辐射事故的影响，社会公众对核能态度并不明朗，这也从根本上决定了核能公众沟通的重要性。核能事业的公众沟通只有起点，没有终点。只有进行卓有成效的公众沟通，才能为我国核电事业健康发展保驾护航。近年来，核能企业通过专业、透明、开放的形式，积极开展公众沟通，在公众宣传、信息公开、公众参与、舆情管理等方面取得了不菲的成绩，这对于我国核能事业的发展创造了良好的舆论氛围和社会环境。

公众沟通的目标是提高公众在决策过程中的参与度，使项目的决策更加开放、更加包容、更加透明，特别是存在不确定性的情况下，更应该主动、公开地与公众讨论风险，实现公众的自愿选择与民主决策。公众沟通首先应当遵循下列五个基本原则：

原则一：公开透明——向公众公开有关风险以及风险处理过程的信息；

原则二：广泛参与——让各利益相关方和公众全程参与决策的过程；

原则三：应对合理——所采取行动应符合客观需求并协调一致；

原则四：立足公众——充分考虑公众关注和价值观等问题；

原则五：责权对等——承担风险者应同时享受相应的权利。

在遵循五大原则的基础上，核能公众沟通还应符合传播规律，理解公众传播中的“理性与感性”之分，用心去沟通，与公众交心、换心、同心。注重诚实、开放与真诚，运用好核能公众沟通的“六把钥匙”，确保事实的客观性与真实性。一旦发生不当信息，应尽快予以纠正，提供权威信息，满足不同受众的需求，做好内外部的快速处置与应对，找到破解“邻避困局”的 IDEAL 模式。

第一节 破解：核设施“邻避困局”的 IDEAL 模式

邻避设施是指服务于区域内的广大民众，产生利益为大众共享的公共设施，具有负外部性效应，如环境污染及对居民生命财产造成的威胁等，产生心理、安全或健康等危害却由设施附近居民承担。常见的邻避设施有化工厂、核电厂、垃圾站等。由于邻避设施的负面效应，往往面临“一建就闹，一闹就停”的“邻避困局”，究其根源在于选址决策的策略模式、根源于公众参与的理念路径、根源于管理者的固守思维。邻避问题想要真正破局，应从根源入手，解决好邻避设施周边公众所担忧的问题，方能找到一条走出“邻避困局”的理想路径。

一、定义：核设施的“邻避困局”

1. 什么是“邻避效应”？

“邻避效应”是指居民因担心环保设施建设对身体健康、环境质量和资产价值等带来负面影响，从而激发嫌恶情结，滋生“不要建在我家后院”的心理，采取强烈情绪化的反对和抗争行为。

在20世纪60年代，美国曾出现过反对建设垃圾填埋场等“污染性设施”的抗争活动。此后，愈来愈多的案例出现在其他公共设施建设中，如停车场、戒毒中心、流浪汉收容所等，受影响的人群联合起来共同对抗政府或开发商，使此类设施的建设陷入无法推进的僵局。1977 年，邻避（NIMBY）的概念由美国学者迈克尔奥黑尔（Michael O’Hare）提出，其英文缩写的全称是“Not In My BackYard”，即“不要建在我家后院”，来描述公众抵制部分公共设施的现象。

进入 21 世纪以来，我国从 PX 化工项目、垃圾焚烧项目、殡仪馆项目开始，包括核设施在内的“中式邻避”时有发生，其引发的环境运动与“西式邻避”相似，预示着我国进入“邻避时代”。

核设施是指与核电、核燃料循环、核技术应用相关的建设项目。2011年日本福岛核事故后，我国先后发生了江门核燃料产业园、江西彭泽核电厂、连云港核循环项目等几起核设施邻避事件，有些公众甚至上街游行示威，引发邻避冲突，最终导致部分核设施项目“暂停或取消”，这就是大众所说的核设施的“邻避效应”。

2. 核设施“邻避效应”的主要特征

核设施邻避问题与其他一般环保项目的邻避问题在性质上并无特别不同之处，两者生成的机理和演变的过程基本相似，但核设施从选址、立项、建设、运营到退役，实施周期长、建设规模大、影响因素多、涉及范围广，其发展的不可逆转性与核事故后果的不可接受性，让核设施具有其自身的特殊性和敏感性，加上核风险认知的放大效应，使得核设施的邻避问题极其独特和复杂。主要体现在以下两点：一是风险认知：受核武器和历史上三次重大核事故的影响，核设施被污名化，其事故的巨大破坏性、风险的非自愿承担性以及规避成本高等特性，导致公众将核设施与身体健康受威胁、生态环境和生命财产的安全受损高度关联；二是风险放大：核科学知识的神秘和高深性，使得普通公众无法正确地理解核风险，在受到社会、心理、传播、文化等多重因素的影响下，往往会夸大核设施的风险，出现“恐核”“惧核”“反核”的心理，造成核设施“邻避效应”尤其突出。

因此，核设施的风险认知和风险放大是其“邻避问题”的主要特征。

3. 核设施“邻避效应”的产生原因

（1）公众对核风险的认知局限

核辐射无色无味无形，加上核科学知识离人类日常生活较远，公众往往较难理解这些枯燥的科学知识和原理，更难科学理性地认识核风险。加上核武器和三次重大核事故的影响，使得公众对核产生了巨大的恐惧心理和“污名化”的认知。公众完全不能接受核风险变成核事故的可能性，需要的是核设施的绝对安全，但从科学角度来说，虽然核设施事故发生的可能性极低，但核风险成为现实的概率依然是可能，这就导致科学理性的核风险认知在公众眼中是难行得通，更是难理解和接受的。这种对核设施的“污名化”认知，强化了公众的“核邻避风险”，造成公众对核设施项目的抵制和反抗。

（2）媒体对核风险的建构放大

媒体具有放大效应，风险则具有建构性，媒体对核设施的报道常常呈现两类议程：一类是对核风险的“绝口不提”。在报道核设施进展或核科普时，基本上不谈风险，这就好比将公众置身于一个“无菌”环境，而一旦离开会更容易受到感染一样，公众对核风险的建构是主观的、片面的，对核风险的认知是非理性的，甚至是错误的。一旦核风险被揭露，缺乏“免疫”的公众有可能会造成更大的冲击力。另一类则是对核风险的“喋喋不休”。为了获得公众关注或出于其他议程设置的需要，对核风险进行不断的、反复的宣传报道，如：日本福岛核事故后，媒体对事故的持续关注，甚至在事故发生多年后，也经常性地对其核泄漏等情况进行宣传报道，这无疑加深了公众的恐慌心理，风险带来恐慌、恐慌又加剧风险，在这种周而复始的议题“引导”下，公众对核风险的感知不断扩大，核恐惧心理也不断上升，为“核邻避风险”埋下隐患。

（3）参与缺位导致的信任危机

公众对核设施的焦虑恐惧以及对政府的信任危机是导致“邻避问题”的重要原因。一方面公众参与的环节缺失或流于形式，核设施的公开、公平、公正性受到质疑，给公众造成心理上的“被代表”“被剥夺”，从而可能产生强烈的焦虑和恐惧情绪，焦虑恐惧情绪虽是从个体发出，但是如果处理不当就会持续蔓延，最后演变为集体情绪，为了消解焦虑恐惧的情绪，这部分居民就会找寻“发泄口”，一传十、十传百，以致造成大面积的负面情绪传播，形成“核邻避风险”扩散。另一方面“邻避冲突”的时有发生，反映的是社会的信任危机，如果政府部门或某一组织失去公信力，就易陷入“塔西佗陷阱”。在这种情形下，政府所做的即便是善意行为也会被公众当成恶意行为，公众会固执地认为政府是为了获得政绩等出于自身利益需求而建设核设施，完全不顾公民的健康安危，从而加深对政府的不信任，引致公众对核设施的负面情绪，增加公众对核设施的抵制和反抗。

二、探析：“邻避困局”的决策模式

西方的核工业发展较早，观其在核设施的决策模式上，西方国家早期采用了“决定—宣布—辩护”（Decide Announce Defend，DAD）的模式，主要是为了避免公众反对，采用专家决策的秘密封闭策略。但随着邻避设施选址失败的案例越来越多（包括美国尤卡山项目、英国高放库项目等），西方各国开始反思，提出了两种新的决策模式：“市场或交易型选址”和“自愿／参与／伙伴关系”（Engage Deliberate Decide，EDD）。“市场或交易型选址”方式是通过市场机制，以经济激励、补偿来促成社区对邻避设施的接纳；“自愿／参与／伙伴关系”方式以充分的公众对话和辩论基础上的自愿选址为特点。当前，“自愿选址”模式逐渐成为国际上一种主流策略，两种模式在流程上的差异如图 2-1 所示。

决定—宣布—辩护 Decide Announce Defend - DAD

自愿—参与—伙伴关系 Engage Deliberate Decide - EDD

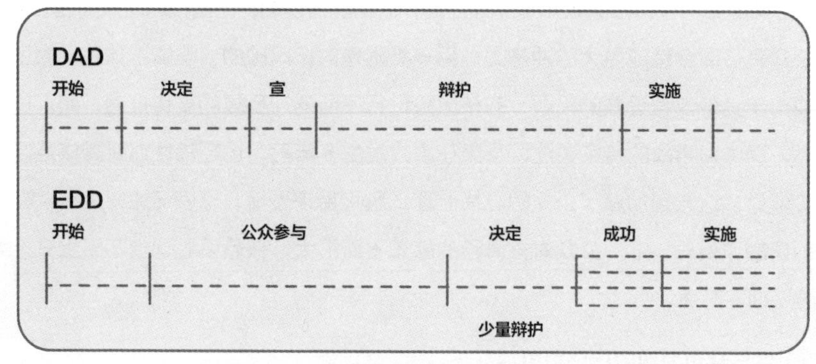

图 2-1 DAD 模式和 EDD 模式的差异对比

新的决策模式在西方国家一系列邻避设施选址活动中取得了成功，代表案例包括加拿大天鹅山危险废弃物处理场项目、瑞典奥萨玛尔核废料处置库项目等。西方这些成功案例，有些共性经验可供借鉴：

1. 选址策略主要以多区域拍卖方式或者与当地社区协商一致的方式进行，在项目正式选址立项前获得了社区公众的支持，公众享有一定的决策权。

2. 公众参与开展较早，一般在项目立项前即已经开展，有些甚至长达 10 年。

3. 除了给地方政府带来经济利益外，对于当地社区公众亦给予了充分补偿。

4. 政府站在公正立场上严格监管，并聘请独立第三方机构进行邻避设施风险的分析研究。

5. 当事企业具备良好的社会形象，且资助社区聘请专业人员开展风险评估，在建设和运营中接受公众的监督。

在国内，通过对江门核燃料产业园、江西彭泽核电案例、连云港核循环项目的研究，并结合国内其他行业的案例分析（如厦门、宁波、大连 PX 项目），发现当前我国“邻避问题”有如下特征。

1. 模式传统：我国邻避设施选址基本都采取了“决定—宣布—辩护”的 DAD 模式。受传统项目投资体制的约束，“自愿 / 参与 / 伙伴关系”（EDD）方式在国内尚没有成功开展的先例。

2. 选址不公开：迫于追求 GDP 的压力，地方政府在项目选址过程中往往扮演了运动员（招商引资）与裁判员（对项目审查）的双重角色，公众质疑政府的独立性和公正性。

3. 公众沟通弱：企业重视与地方政府和行业主管部门的关系维护，而对于公共关系维护较弱，在面对公众的邻避活动中处于被动地位。

4. 公信力不强：有些地方政府和部分行业主管部门的公信力不强，公众对政府的不信任严重影响了核设施的公众沟通效果。

5. 操作违规：过于依赖 DAD 选址策略，加上一些选址活动中存在着违规情况，部分选址活动没有考虑跨越行政区域的影响，以及选址程序执行中的不公正，都成为“邻避困局”的重要原因。

6. 接受性低：我国公众对核能发展的接受性和支持力历来偏低，特别是日本福岛核事故发生后，公众对于核设施的可接受性急剧下降。

7. 选址决策不科学：部分项目存在选址决策科学性问题，这些厂址属于选址不当，不符合环保标准。部分项目来源于当地 GDP 增长要求，是否符合当地真实的社会和民生需求，并未进行深入的研究。

三、破解：“邻避破局”的 IDEAL 模式

“邻避运动”指居民反对在住所附近修建具有一定负面影响的项目，如垃圾场、核电厂、

殡仪馆等。作为生态文明建设方面的重要挑战，近十年来“邻避运动”已经成为了高频词汇。由于“邻避运动”引发的“邻避困局”，已成为政府关注的热门议题。

“邻避运动”的广泛发生是社会进步的必然结果，而“邻避困局”的出现则是我国现阶段社会主要矛盾的集中体现。一方面是民众对于完善基本公共服务设施、提高服务层次的强烈要求；另一方面是政府对于“邻避设施”的监管与治理政策的缺位与错位、治理理念与方式的相对传统，正是两者之间的矛盾成为了“邻避运动”的触发点。

核设施的建设事关周边每一位居民的切身利益，居民不仅有接受和拒绝的权利，也有参与协商的权利，当意见表达得不到制度化的保障时，他们必然会借助群体的力量，通过非制度化的途径表达利益诉求，这是核设施“邻避问题”的主要原因，也是化解“邻避困局”的根本路径。

由此，作者提出核设施“邻避破局”的理想（IDEAL）模式，即：加入（Involve）—决策（Decide）—参与（Engage）—行动（Action）—全程（Longterm）（简称“IDEAL”）。

Involve：加入。核设施在厂地选址阶段就需要邀请广大公众，尤其是厂址周边居民的加入，这是从“邻避问题”风险源头入手，也是破解核设施“邻避困局”最重要的第一步。化解“邻避运动”最理想方法是找到民众焦虑和恐惧心理产生的根本原因，并在源头就采取有效的措施。当民众的知情权、参与权、监督权得到了充分的保障，必将有助于增强公众认知，获得公众理解，更重要的是有助于提高公众自身的风险认知水平。在选址阶段，公众的加入，他们的需求和担忧都会反映出来，这些问题需要有针对性地予以解决（舆情化解）。如：公众能否接受在自家后院附近建造核电厂，尤其在技术安全、环境影响、公众健康、征地搬迁等问题上的担忧。

公众加入的方式包括：向公众提供核设施的客观信息（宣传册、专题讲座、现场参观、信息公告等），收集公众的反馈意见（问卷调查、座谈会、听证会、公众咨询等）。在整个过程中直接与公众一起工作，以保证公众关注的问题能够被正确地理解和考虑。

一方面，我们通过媒体宣传、信息公告、专家科普等方式丰富公众对核设施的了解，建立积极的项目认知和风险感知能力；另一方面，在核设施选址阶段对周边民众进行信息发布，邀请利益相关群体参与问卷调查、听证会等。既能让公众多途径了解到核设施项目的安全、自身利益与权利，消减“不公正和被代表感”，又能掌握核设施的关键沟通群体和“邻避问题”的主要阻力，以便采取更有针对性的解决措施。

选址阶段的公众“加入”，就是通过公众公开公平的参与，让他们正确树立对核电厂的科学认知并清晰知晓所带来的利益与风险，尊重他们的意见，与他们共同协商有关疑虑问题的应对办法，帮助消除他们对核设施的焦虑恐惧心理，在“邻避风险”演化的第一环节将其扼杀在萌芽状态。

Decide：决策。是核设施经过选址阶段的初步可行性研究论证后，项目建设单位及所在地方政府将上报项目建议书，进入到核设施的决策立项阶段。项目要履行决策前的公示程序，如民众在第一个环节的“加入”不充分或利益诉求没有得到有效的回应，决策阶段极有可能就是“邻避冲突”的爆发阶段，国内外很多邻避项目的冲突爆发都证明了这一点。因此，决策环节应从阻断“邻避风险”的“爆发点”着手，注重民众邻避行为的识别与引导，这是防范化解“邻避冲突”关键所在。

在核设施的决策环节，因为关系到核设施的去留选择，公众的趋利避害心理会变得更复杂，焦虑恐惧的情绪会变得更多元，邻避风险的感知也会变得更强烈，从而做出应对风险的决策行为，包括传播信息降低焦虑、发生对抗争取利益等。在这些行为之中，会存在应该争取和应当制止的内容，这就需要对民众的“邻避行为”进行快速高效的识别，采取有针对性的措施进行引导。对于应该争取的，即正当、理性的行为，如“传播信息降低效率”行为，不仅不应该制止，相反应该为其提供适当的条件和咨询渠道，帮助民众了解核设施的风险，加强其核风险意识。这就是我们舆情危机化解中的“泄压口”，给公众缓解焦虑恐惧情绪的一个出口，让其在可控范围内释放，以达到缓和矛盾、维护稳定的作用。

而针对对抗行为，需要明确是个体性对抗还是群体性对抗。群体性焦虑情绪下往往是激烈的对抗行为，需要在充分预警的基础上锁定关键群体，防止个体极端行为演变成群体动乱的“导火索”。对于个体性对抗，需要找到民众对抗的动机，这也就是在“加入”阶段采取问卷调查的价值所在，个体对抗可通过单独交流、知识宣讲和利益补偿等措施化解。决策环节的每一个方面应与公众合作，最大可能地把公众的意见纳入决策之中。决策阶段既要鼓励有利风险释放的行为，又要采用合理方式遏制群体恶性行为，避免个体行为与群体行为相互作用，从而导致无法掌控的“邻避冲突”。

Engage：参与。参与和加入不同，其涉及程度更深，范围更广，周期更长。核设施经过决策阶段后，进入到开工前的准备阶段，项目的可行性需要得到进一步研究论证。随着征地拆迁等活动的实施，民众对于核设施的参与进入到实质性阶段，公众参与需要制定更加细化的策划方案，包括范围、内容、步骤、方法，以及意见的收集与评估等，需要委托专业机构对核设施得到的公众反馈进行跟踪分析，并提出参与点、风险点和对策点。

在核设施的参与阶段，利益是被公众考虑的重要因素，征地拆迁是极易导致“邻避冲突”的风险点。此时的核设施的“邻避效应”会呈现出与其他“邻避设施”不一样的独特性，核设施的风险影响范围大，但征地拆迁范围却有明确的范围界线，“圈内”的民众高度关注自身的利益分享与补偿的不对等，而“圈外”的民众自然不愿买单。因为在承担核设施负面风险成本的同时，却没有直接享受到核设施拆迁带来的 “红利”，这就是江西彭泽项目受到江对面安徽民众反对的重要原因。这种“邻避效应”的独特性让核设施建设进退维谷，需要核设施的征地拆迁等补偿活动，严格规范在法律制度和透明程序的框架下来执行。

在经济补偿方面，我国主要着眼于与土地相关的征地补偿政策，对于因核设施潜在风险的补偿尚未形成系统的评价体系。因此，核设施还应与当地政府、周边居民融合发展，在拉动当地经济、安排民众就业、改善地方公共设施服务等方面给予充分的支持，以真心换真情，真正融入当地社会。在实现互利共赢，共同发展方面得到地方政府和周边公众的真正支持，形成广泛的利益联盟和利益共同体，建立起公众参与环节的外部“防火墙”。当有负面的舆论信息产生时，利益联盟往往会自发地回应，不厌其烦地说明，这群核设施利益捍卫者的沟通效果将是事半功倍。

Action: 行动。这里指的是核设施的项目开工，也指开工后的全过程公众参与。核设施在通过开工申请，颁发建造许可后就进入了施工阶段，项目开工意味着核设施的正式落地。此时管理者往往会认为公众参与已无关紧要，即使“邻避效应”出现，也产生不了颠覆性的问题，这样容易形成核设施建设阶段“邻避问题”的“疏忽点”，需重点解决的是“邻避效应”的透明度问题。

核设施的公众参与是一个全周期的过程，即使项目开工建设后，信息公开的不透明，公众参与的不到位同样能引发“邻避效应”的阵痛。核设施可能会因设计、设备、施工的安全质量问题，引发公众的广泛质疑和媒体的高度关注，进而造成项目的延期投产甚至无法投产等“邻避问题”，产生巨大的经济损失和负面影响。公众参与并不只对公众有益，对于地方政府和核电企业同样有利，它是一个互利共赢的过程。

核设施建设项目信息的及时公开和公众有效地参与，以更透明、更开放的方式，加强与政府、合作伙伴、社区公众等利益相关方的全面交流互动。不仅能增强公众对于核设施建设的信心，注重倾听和了解公众的意见、诉求，公开接受公众的监督，更有助于提升自身的管理水平，减少后续发生各种“邻避冲突”的可能性。

此外，在项目建设阶段的“邻避效应”防范重心则应转移到风险级别判断和管理策略选择上，加强风险预警系统的构建，建立各类风险级别的对策库，评估级别后能直接启动应急程序。除对症下药，减弱过激风险行为的影响外，也要与相关经济、行政及社会部门及时沟通，对可能产生的涟漪效应进行预判，做好各种应对准备。

Longterm： 长期。这里指的是公众参与是一个长周期、全过程的环节，体现在核设施的启动、立项、开工、建设、运营、退役等各个阶段。这些阶段相对独立而又有不可分割，核设施公众参与必须贯穿于整个环境影响评价活动中。对公众参与做出分析评价，不同阶段的环境影响评价活动关注的重点不同，公众参与的重点和深度也不相同，核设施的公众参与不是一个临时性、短暂性、阶段性的任务，不会随着一个阶段任务的完成而结束，而是一项地方政府和管理者需要长期实施的管理措施，是一种开放透明的自信和态度。

公众核风险认知能力的提升不可能一日养成，更不可能一蹴而就。这里需要强调的是“邻避效应”所具有的长期性，核设施的“邻避危机”在各个阶段都有可能发生，这就需要建立长期的公众沟通机制。公众沟通既是知识和信息的沟通，也是情感和利益的沟通；既要讲法理，也要讲情理。信任是沟通的基础，民无信不立，赢得信任的关键是搭建公众参与的平台，建立相互依存的关系。核设施在全周期内应建立信息公开的长效机制，及时公开有关建设、运行信息，以获得公众的信任与支持。

核设施企业应重点与周边社区形成邻里互助关系，积极融入社区建设，适度参与社区事务，履行企业社会责任，拉近与居民的情感距离，增加可信度。高度重视项目所在地周边社区发展和居民生活问题，根据地方建设规划的要求，在社区基础设施、娱乐休闲设施、文体卫生设施等建设上多做贡献。通过精准扶贫、捐资助学、就医探访、节日慰问等活动，使核设施与周边社区达成深度融合，建立和公众的感情联系，让当地公众在接受核文化熏陶的同时，也感受到核科技的魅力，提升核设施企业的信任度和美誉度。

IDEAL 模式是一种与公众沟通的理想状态。只有让公众做到加入、决策、参与、行动和长期的全过程，才能从根源上避免“邻避效应”冲突的爆发。

IDEAL 模式是指在化解“邻避事件”中，应遵循公众全过程参与的理念，促进多元主体通过平等协商机制，构建公平正义的“邻避问题”处理机制。实现核设施建设中风险与收益、整体与局部的协调发展，其目标不仅在于避免“邻避冲突”升级，更在于建立健全一种长效机制，有效化解“邻避设施”建设引发的利益分歧，从而实现风险共担、利益共享的治理模式。

IDEAL 模式既希望构建一个各主体合作参与、各环节相互衔接、各部门相互协调的“邻避冲突”化解体系，也建议管理者以合作而非管理的态度面对公众、以开放透明的程序增进公众理解、以多元化的补偿方式回应公众诉求。这意味着需要实现三个“转变”：一是转变核设施“污名化”的“邻避认知”，二是转变封闭式的“邻避困境”决策路径，三是转变维稳式的核设施“邻避冲突”解决思维。

IDEAL 模式旨在摆脱传统针对“邻避冲突”的“尾部处理”，转向对“邻避”现象发展演化全过程的整体性治理。通过转变理念、鼓励参与、多元补偿实现公正导向下的“邻避”策划；通过优化评估、增强透明与强化沟通以最小化公众的“邻避风险”感知；以法律保障、网络监管、多元协商来扩大公共参与；以多元决策、公众监督、政策监控等方式完善“邻避决策”体制和决策过程；以快速响应、依法行政和事后反馈来完善“邻避冲突”的预警、应急、处置与善后的一整套化解机制。

第二节　范式：危机沟通的二分法

一、测试：你是理性还是感性

理性是指人在正常思维状态下时为了获得预期结果，有自信与勇气冷静地面对现状，并快速全面了解现实分析出多种可行性方案，再判断出最佳方案且对其有效执行的能力。理性是基于现有的理论，通过合理的逻辑推导得到确定的结果。

感性指人情感丰富，多愁善感，能对别人的遭遇感同身受，感受力很强，能体会到任何事物情感的变化。感性一般被理解为：凭借感官等认知的、基本由个人的感情决定的，指人们对外界事物的感觉和印象。

那怎样判断一个人是理性还是感性呢？我们用一个小游戏来分析，如图 2-2 所示。

A. 左手拇指在上→“U”　　　　　B. 右手拇指在上→“SA”

A. 右手掌在上→“U”　　　　　　B. 左手掌在上→“SA”

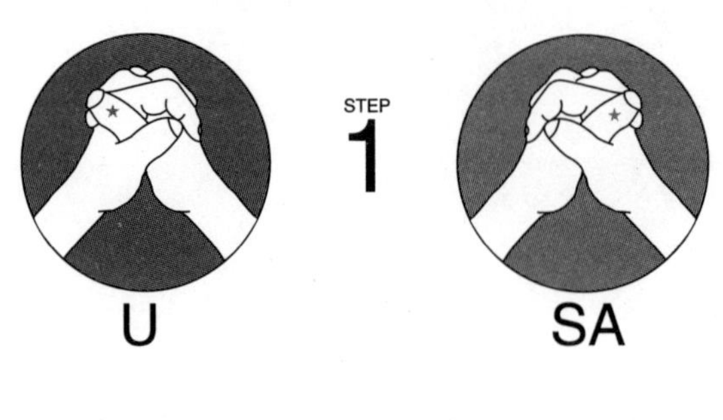

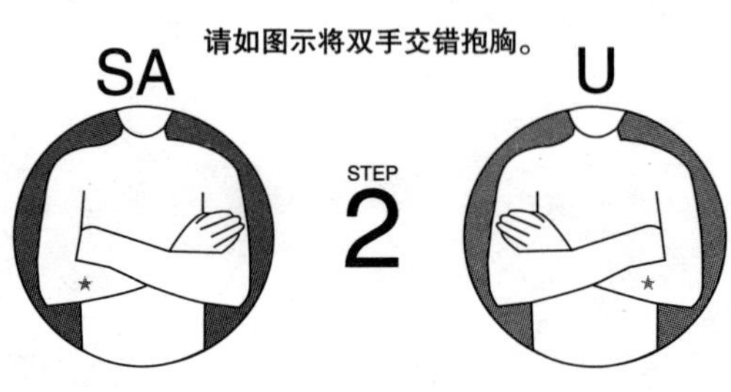

图 2-2　小测试

动作 1：两手自然十指交握

A. 左手拇指在上→意思是接收讯息时优先使用感性为主的右脑（U）

B. 右手拇指在上→意思是接收讯息时优先使用理性为主的左脑（S）

动作 2：双手自然交错抱胸

A. 右手掌在上→意思是传达讯息时优先使用感性为主的右脑（U）

B. 左手掌在上→意思是传达讯息时优先使用理性为主的左脑（SA）

感性：如果两次测试，你都是右脑为主，那总体你是属于偏感性的人。和你在一起生活，会很有诗意，跟你恋爱，会感到很开心、甜蜜。因为你很会体贴别人，也善于制造浪漫的细节。你比较敏感，对于细小的、别人不在意的地方都有独特的观察。

理性：如果两次测试，你都是左脑为主，那总体你是属于偏理性的人，你总是站在相对客观的立场上看待问题，自己的思想感情对事物的影响比较小，往往是就事论事。你往往喜欢遵守一定的规则、条例，喜欢把自己放在一个特定的框架里，认为凡事都是有逻辑的。

中性：如果一次左脑为主，一次右脑为主，那你属于中性，既有感性的一面又有理性的一面。生活中你有较高的情商，喜欢与人为善，处事圆滑，才华出众，容易接受新事物和感到满足，应对困境方式灵活，既坚强独立，又温柔体贴，身边不乏两性朋友，人际关系融洽。

二、知晓：一个感性表达的公式

前面的性格测试是不是很有趣呢？有些人是偏感性，有些人是偏理性，究竟是感性好，还是理性好，应该说没有绝对的好坏之分。理性给你的是事实、数据、客观的答案；感性给你的是情感、价值以及人的感觉。感性认识和理性认识相互联系，感性认识是理性认识的基础，理性认识依赖于感性认识。离开了感性认识，理性认识就会成为无源之水，无本之木。感性认识和理性认识相互渗透，世界上没有纯粹的感性认识或理性认识，往往感性和理性相互交织。偏感性的人可以加入一些理性，偏理性的人也要学会一些感性，只有当理性与感性结合起来灵活运用时，其效果才超出预期。

在这里我要表达的是，学会将理性的内容进行感性的表达，是沟通中的一项重要技能。接下来，想用一个数字公式来举例说明。

假如我发个“886”的信息给你，你觉得代表什么意思？

大家都明白，在理性的语境下，就是“再见”的意思。对方给你发 886，就是和你说再见。我曾在课堂上和同学们做互动，请他们给最亲密的爱人或男女朋友发一条信息，信息的内容就 3 个数字：886，很多同学都显得很犹豫，我怂恿地说道，发吧，出了问题我负责，后来还真有不少人就发了，我解释道。

886，我们理性地认知是，再见，但是理性的数据，要学会去感性地解读，怎么感性地解读呢？我给您一个公式：

$$886=520+365+1$$

那这句话是什么意思呢？我又找了一些同学来回答，有人说，我爱你，365 天，一心一意；有人说，365 天，只爱你一个人，等等。我说，都对，但更好的答案是：每天爱你多一点。这就是将理性的数据，用感性的方式进行拆分、解读，是不是立即变得有了情感温度？

看似一个简单的数学公式，背后却饱含着沟通的艺术。在我们的日常交往和沟通中，都希望把事实、数据、道理说清楚，但我建议，在理性表达之前，先进行感性的沟通。这也就是为什么大家在沟通情况前，先拉拉关系，联络联络感情，找找共同点的原因。因为有了感性的交流，才能拉近彼此的距离；只有距离近了，才可能建立信任，而信任正是沟通的前提。

感性拉近距离，理性表达逻辑，二者缺一不可。先感性，后理性，再感性，是我给您的沟通建议。

三、理解：危机沟通的“二分法”

在西方国家的教科书中，通常把“危机管理”称之为“危机沟通管理”原因在于，加强信息的披露与公众的沟通，争取公众的谅解与支持是危机管理的基本对策。

把理性与感性“二分法”导入危机管理的情境，可以得出危机管理实际上就是在常态秩序遭到威胁和破坏的状态下，理性层面通过应急处置、利益补偿等解决事实问题；感性层面通过情感协商、关爱悲悯等解决价值问题。

因而，危机传播管理就是在危机情境下组织与利益相关者之间的沟通，双方通过沟通谋求理性共识与感性认同。理性沟通与感性沟通既是危机传播管理的思维基础，也是其展开方式，二者统一于沟通实践。

为什么是“沟通”而不是宣传呢？宣传在信息关系上是单向性的，在权力关系上是支配性的。我们之所以选择“沟通”作为危机管理的新范式，是因为“沟通”以下含义。

1. 沟通在信息关系上是双向的，强调信息反馈和意见交换。沟通承认权力、利害关系的多元化、差异性和不均衡性，也强调情感、道德、尊严、信仰的平等和均衡性。

2. 沟通者之间应该是自主、独立的。沟通是一个开放的动态过程。这种动态过程要求人们不断协商、选择、创造和超越。沟通所蕴含的自主、多元、开放和超越精神正是危机传播所必须坚持的准则。

3. 互联网开启了沟通时代。互联网的逻辑就是开放、沟通，它联结和贯通了世界各个角落的个体。大众获得了前所未有的表达机会；现实社会关系被复制到网络空间，网络空间形成的社会关系也被嵌入现实空间。

4. 沟通既是方法也是理念。作为方法，沟通意味着双向、平等地沟通真相、协商利益和分享价值；作为理念，沟通意味着放弃对抗，意味着合作精神和共同理念。这种理念确信沟通是比对抗更优的相处方式和发展策略。特别是在危机情境下，沟通本身就意味着一种理性选择，解决问题的明智之举。

沟通过程是让你了解我，让我走近你，是一个双向互动的过程。沟通是一门艺术，要因人因时而异，但真诚是沟通的前提。用真诚之心进行心与心的沟通，才是沟通捷径。

沟通主体可以是个人，也可以是团体，他或他们在沟通过程中处于主导地位，负责引导对方按照自己的思路和节奏来思考、判断。尤其在危机管理中，人的主体地位得到认可，解决问题的智慧、勇气才得以成长和展现。

危机管理就是通过沟通召唤人的主体性，寻找共同价值，以期转危为安、化危为机的过程。然而，以往的危机管理往往强调“形象塑造”的重要性，通过“删帖消声”只保留自己想要的声音。久而久之，危机管理就变成了放大正面、遮掩负面的形式主义宣传。危机管理者不但沟通理念淡漠、沟通能力薄弱，而且缺乏最基本的沟通态度。

有些政治家和企业家宁愿把命运交付“幸免于难”的运气，宁愿相信权钱交易打造的“防火墙”，也不愿意与利益相关者进行真实、真诚地沟通。他们躲避、封锁乃至利用不正当手段屏蔽危机，以期维持所谓的“形象”。本质却是他们既践踏了利益相关者的权利和尊严，也瓦解了自身的主体性、合法性和公信力。

如果我们以沟通理念、理性与感性“二分法”来解决危机问题，危机管理的目标和任务就会变得清晰起来：通过沟通使危机中的人们恢复利益共享和责任共担，重建彼此共商共处的理性世界和感性世界。

理性层面的参与、协商、交换固然重要，感性层面的尊重和忠实同样不可替代。我们可以对危机管理的基本路径做出如下界定。

1. 危机预警

危机预警主要是指人们对危机的认知，表现为具有很强的危机意识以及在认知基础上构建的预警系统。也就是说，在危机来临时能够迅速察觉到不利因素，提前做好防范措施。危机预警是危机管理的第一步，也是危机管理的关键所在。危机预警也是危机管理知识信息系统具有的功能。与常规事件相同，偶发事件也有一个发生、发展的过程，甚至是从量变到质变的过程。在事故发生前，总会有一些征兆出现。只要及时捕捉到这些信号，加以分析处理，及时采取得力措施，就能够将危机带来的损失降至最低，甚至避免危机的产生。

2. 危机处理

所谓危机处理，又称事中管理，是指在危机发生后，组织围绕事实损害和价值异化而开展的应对行为。即在危机发生的过程中，能够采取及时、有效的措施来避免危机朝更严重的方向发展。组织对内、对外的传播管理是危机处理的中心任务。如前所述，我们将危机管理的标准确立为自主、平等、开放的沟通。通过沟通，危机之中的人能够了解真相，恢复信任，实现利益共享和责任共担，回归常态的情境、秩序和生活。

3. 恢复管理

所谓恢复管理是指在危机紧急事态得到遏制后，组织通过持续的恢复策略，重建事实与价值体系的过程。此中既包括对事实损害的补偿，也包括对情感异化的修复。危机虽然得到暂时缓解，但是依然要持续关注，吸取经验，引以为戒。

感性和理性是矛盾对立的综合体，在事态紧急时需要理性，在危机缓和时又需感性沟通，世界没有一种完美的方案，但是却有妥善的解决办法。“理性一感性”二分法，既是一种理论思考，也是一种实践方法。

第三节 方法：公众沟通的六把钥匙

红沿河核电

世上诸事，皆有因果。沟通不畅导致的公众 “恐核心理”是核设施“邻避困局”产生的重要原因。想要与公众畅通无阻的沟通，赢得公众对核设施的赞同与支持，需要用心、细心和诚心，更需要搭建政府、公众、企业和社会组织等多方对话的平台。

“公众宣传、信息公开、公众参与、舆情管理、利益补偿、应急响应。”是核能公众沟通最为关键的六个方面，相互联结缺一不可，这也是每一位从业者进行公众沟通努力的方向。

又该如何努力呢？在大家深思之前，我想讲一个英国人的故事，或许他能带给我们新的思路与启迪。他是心理学博士爱德华，被誉为 20 世纪人类思维方式革命性变革的缔造者，欧洲创新协会将他列为历史上对人类贡献最大的 250 人之一，是水平思考（横向思维）理论的创立者。他在历史上第一次把创造性思维的研究建立在科学的基础上。“六顶思考帽”曾经拯救了奥运会的命运，1984 年洛杉矶奥运会的主办者就是运用了“六顶思考帽” 的创新思维，使奥运会从烫手山芋变成了今天的炙手可热，并且获得了 1.5 亿美元的盈利，2002 年 5 月，爱德华曾应邀来华为北京奥运组委会官员做“六顶思考帽”培训，当时中国媒体曾为“六顶思考帽”的神奇惊呼，并尊爱德华为“创新思维之父”。

那么，什么是“六顶思考帽”呢？其实，六顶思考帽（见图 2-3）是英国爱德华博士开发的一种思维训练模式，是一个全面思考问题的模型。

蓝色思考帽：负责控制和调节思维过程，并负责做出结论。

白色思考帽：中立而客观，关注客观的事实和数据。

红色思考帽：情感的色彩，表达直觉、感受、预感等方面的看法。

黄色思考帽：价值与肯定，从正面考虑问题，表达建设性的观点。

黑色思考帽：运用否定、质疑的看法，合乎逻辑的批判，找出逻辑上的错误。

绿色思考帽：茵茵芳草，象征勃勃生机，运用创造性思考、头脑风暴等。

帽子颜色	俗称	功能
蓝帽	指挥帽	系统与控制
白帽	信息帽	资料与信息
红帽	情感帽	直觉与感情
黄帽	乐观帽	积极与乐观
黑帽	谨慎帽	逻辑与批判
绿帽	创意帽	创新与冒险

图 2-3 六顶思考帽

颜色代表情绪，而公众沟通正是需要理性与感性的有机结合。故而借鉴色彩思维，提出打开核电公众沟通的六把钥匙，每一把钥匙用不同的颜色来表示，包含着不同的情绪，代表着不同的功能。

黄色钥匙：在书中指公众宣传，黄色代表阳光与希望。黄色钥匙寓意我们在核电的公众宣传中要乐观积极，展现核电的价值。

白色钥匙：在书中指信息公开，白色代表中性和客观。白色钥匙寓意我们在核电的信息公开中要坚持客观的事实与数据。

红色钥匙：在书中指公众参与，红色代表情绪和感情。红色钥匙寓意我们在核电的公众参与中要尊重公众的感性诉求与看法。

黑色钥匙：在书中指舆情管理，黑色代表冷静和严肃。黑色钥匙寓意我们在核电的舆情管理中要有风险思维，要小心和谨慎。

绿色钥匙：在书中指利益补偿，绿色代表丰富和生机。绿色钥匙寓意我们在核电的利益补偿中要突破，要有创造性和创新性。

蓝色钥匙：在书中指应急响应，蓝色代表控制与组织。蓝色钥匙寓意我们在核电的应急响应中要有底线思维，要能拥有事故状态下的掌控能力。

黄、白、红、黑、绿、蓝六把钥匙，聚合一起，致力打开与公众友好沟通的大门，创造核电行业公众沟通新标准。

一、黄色钥匙：宣传有料

黄色钥匙：在书中指公众宣传，黄色代表阳光与希望，黄色钥匙寓意我们在核电的公众宣传中要乐观积极，展现核电的价值。

宣传工作是核电企业走出去的必要手段，也是核电公众沟通的基础。核电事业出现的新技术、实现的新突破，核电人呈现的新面貌、涌现的好故事等，都为核电宣传工作提供了丰富的“食材”，经过宣传工作者及媒体的“烹饪”，必将为公众带来丰盛的信息“盛宴”。

公众宣传工作既是对信息的及时传播，也肩负核知识科普的重任。通过普及核电知识，消除公众对核电的误解，提高公众对核电的认知度。引导全社会科学理性对待核电发展，增强公众对核电安全的信心。切实化解“恐核、拒核”的紧张情绪，增强公众对核电的接受度，从而为推进核电项目良好运行营造和谐氛围。

科普宣传，顾名思义就是“科学普及”，是将目前人类所掌握和获得的科学知识与技能进行传播的过程。科学普及本身应该是一个科学大众化、民主化的过程。传统的“科普”概念，立意较低，带有浓厚的“扫盲”色彩。多年来很多人在这个概念框架下，习惯于将“科普”的任务，简单等同于具体科学知识或结论的灌输，好像只要让人知道地球绕太阳转一圈要一年、绝对零度是达不到的之类的知识。这只是知识的普及，还不能说是科学的普及。科学的普及应该渗透进对科学精神的普及和传播。

随着经济的快速发展，核技术在工业、农业、科研、医疗等领域广泛应用，电力、广播、电视、微波站、移动通信基站建设迅速增长，放射性和电磁辐射污染呈加剧趋势，核电的社会接受度问题成为核能发展的重要瓶颈。创新和完善核与辐射安全公众宣传体系和手段，提升核与辐射安全的科普宣传，提升国民科学素养，对促进核电事业安全高效发展具有重要意义。

1. 宝贵的科普资料库

（1）科普数据的收集

通过各种渠道，搜集并整合电子版或纸质版核与辐射安全相关的科普数据，浏览国内各核电厂营运公司官方网站的科普专栏、中国知网等各大网站，整理国内外网站与核与辐射安全相关的科普资料和技术论文。与核电集团、涉核企事业单位、出版社及相关协会共建联动机制，搜集各种正式或非正式出版的科普读物，建立信息共享渠道。

（2）巧用科普平台

建立科普资料图书库。对搜集的纸质资料进行归纳整理，并加以编号，建立科普资料目录索引，便于管理与查找。同时，要注意纸质资料与电子资料的协调一致，以提高科普信息的便捷查询和共享资源，实现科普资源利用效益最大化。

建立科普信息化数据库。将搜集的纸质科普资料进行扫描，归类，制作成电子版；并将搜集到的科普画册、动漫宣传片、科普漫画书、科普挂图、宣传视频等各种类型的资料加以分类汇总，建立核与辐射安全科普电子资料库，以便查阅。

建设网站科普频道。遵循知识性、趣味性、互动性的原则，在门户网站上建设科普频道，表现形式要力求寓教于乐。尽量实现文件上传与下载、信息录入与修改、素材的预览与浏览等功能，增强公众的参与性，实现多方面互动。注意及时更新，不再为公众所关注的陈旧问题应及时删除，及时修正相关信息答案。

（3）灵活多变的科普方式

宣传方式要灵活多样。公众对核电的接受度受多种因素影响，如信息获取途径、对核电的认知、生活背景、价值观、性别、经济地位、职业等。所以，要注意不同对象采用不同宣传方式，例如传统媒体（如杂志、电视、广播等）和新媒体（如微博、微信、抖音、快手、微视频等）的宣传，可举办科普讲座、发放宣传资料、组织特色活动等。

主动与媒体沟通。定期举办媒体沟通会，共同做好核能公众宣传工作；积极与当地群众沟通，组织公众参观核电厂，发放科普小册子；在中小学中开展知识竞赛，举办夏令营、科普展、文艺晚会开展宣传工作等。通过形式多样的方式深入广泛开展公众宣传、法规宣贯以及核安全文化建设工作，让公众更加了解核电，认识核电支持核电。

2. 通用的口径库

结合网络舆论热点，收集公众关心的核与辐射安全热点问题。针对拟定的突发事件，考虑公众可能重点进行讨论的话题，编制预设口径。口径的内容要基于事实，口径的形式要力求简洁、准确、严谨，避免出现文法错误、专业性错误和常识错误。

预设口径一般分为事件类和科普类两种。事件类口径主要是根据核与辐射各领域以往发生过的突发事件，或者设想可能出现的突发事件发生时，公众将会关注与评论的热点话题，进行预设的对外发布口径。根据所涉及的核电领域，将预设事件类口径大致分为四个部分，各部分包含的主要事件见表 2-1。

表 2-1　预设事件类口径分类及主要事件

<table>
<tr><td rowspan="6">预设事件类口径</td><td>分类</td><td>主要事件</td></tr>
<tr><td>核电厂</td><td>（1）地震、海啸等自然灾害，对核电厂造成影响的；
（2）核电厂周围发生爆炸、火灾等事件，对核电厂造成影响的；
（3）核电厂发生设备缺陷、系统故障、人员误操作等；
（4）由于违反相关法律法规、规章制度、操作规程等造成不良影响的；
（5）新建核电厂的立项、审批以及在建造过程中发生的突发事件等</td></tr>
<tr><td>研究堆、实验堆</td><td>（1）地震、暴雨等自然灾害，对研究堆、实验堆造成影响的；
（2）研究堆周围发生爆炸、火灾等事件，对其造成影响的；
（3）研究堆发生设备缺陷、系统故障、人员误操作等造成严重后果的；
（4）由于违反相关法律法规、规章制度、操作规程等造成不良影响的</td></tr>
<tr><td>核燃料与放射性废物管理</td><td>（1）核燃料元件厂因人员误操作等发生 UF_6 泄漏的；
（2）核燃料元件、乏燃料、放射性废物在运输过程中由于车祸、人为破坏等造成放射性污染的；
（3）后处理厂内涉及临界安全、废液贮罐泄漏等；
（4）铀矿冶厂在开采过程中试剂使用造成环境污染的；
（5）以上涉及的单位在生产、运输过程中由于违反相关法律法规、规章制度、操作规程等造成不良影响的</td></tr>
<tr><td>核技术利用</td><td>（1）放射源由于系统故障造成的卡源事件；放射源丢失、跌落破损造成污染等；
（2）射线装置失控导致人员造成异常照射等</td></tr>
<tr><td>其他</td><td>（1）境外核事故/核试验；
（2）国外航空器坠落于我国境内等</td></tr>
</table>

科普类口径主要是针对公众对于核科普知识方面的疑问和讨论的预设口径。主要包含核电厂、核技术利用、辐射与辐射防护、核燃料与放射性废物处理、核电政策、法律法规及监管措施五部分内容。详见表2-2。

表2-2　科普类口径分类及主要内容

	分类	主要内容
科普类口径	核电厂	（1）基本工作原理、主要类型； （2）选址、技术水平、安全措施； （3）发生核事故时的应急响应等
	核技术利用	（1）辐照技术在医疗、工业、农业等行业的应用； （2）辐射源种类以及辐射安全问题等
	辐射与辐射防护	（1）辐射的类别及对人体的作用； （2）发生核事故时的辐射防护措施等
	核燃料与放射性废物处理	（1）核燃料加工的安全保障与管理； （2）放射性废物分类及处置技术； （3）放射性废物运输安全； （4）核燃料循环利用技术水平等
	核电政策、法律法规及监管措施	（1）我国核安全领域法律法规、规章制度； （2）核电相关政策、规划； （3）核与辐射安全监管的体系、监督措施等

3. 宣传原则：大家喜欢并接受

中国核电自成立以来，始终将科普宣传放在首要位置，形成了契合核电事业发展的宣传体系，在人群细分、宣传方式、媒体对接、活动策划等方面均取得了突出成绩。按照“大家所喜欢的关注的，就是我们要宣传的”基本原则，不断挖掘核电行业好故事，传播核电相关知识，并积极借助现代传播工具，充分运用公众喜闻乐见的表现形式与语言风格，使宣传内容入耳、入脑、入心。

4. 宣传对象：为“四个代表”服务

公众宣传的范围十分广泛。不同人群所处的社会阶层不同，扮演的社会角色不同，其对核电项目的关注程度和影响也不同。在有限的资源和能力范围内，我们通过细分公众沟通受众，针对性采取不同宣传力度和宣传手段，提升了公众宣传的效率和质量，见图 2–4。

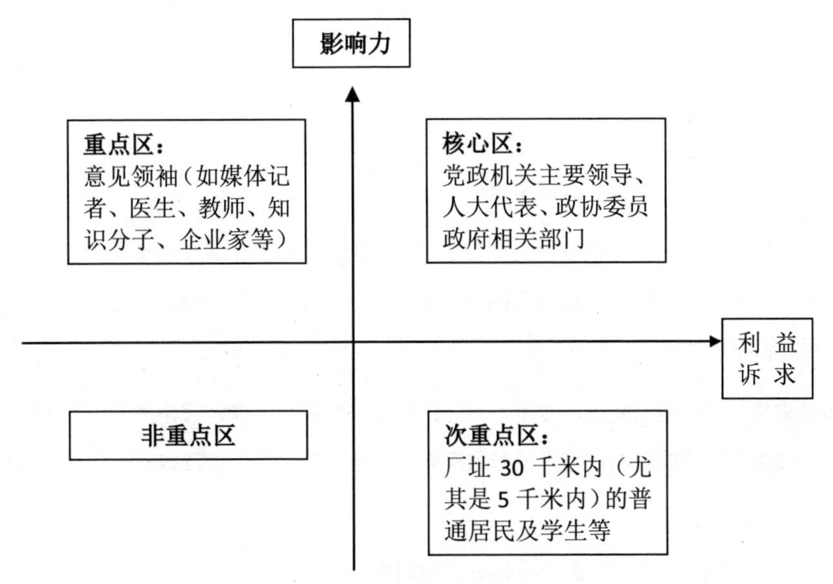

图 2-4　公众沟通受众识别与细分表

为了识别不同受众群体，根据受众和利益诉求程度，我们将受众分为四大区域：

影响力大、利益诉求强的为核心区。主要包括三类人群，一是党政机关主要领导，尤其是项目所在地市委书记、市长及分管副市长，掌握决策权，是核电项目落地的重要前提条件，主要关注项目的安全性、经济性和社会效益；二是市人大代表、政协委员及省人大代表（视项目情况决定是否涉及），他们对重大项目建设具有社会导向作用，在领导的决策中具有参谋作用，主要关注项目的安全性；三是市委宣传部、网监部门、发改委、环保局、国土局、林业局、海洋局、交通局、教育局、城建局、核电办等部门，关系到各项具体工作的开展。

影响力大、利益诉求弱的为重点区。主要包括意见领袖，媒体记者、医生、教师、知识分子、企业家等，是影响公众宣传效果的重要中间环节。

影响力弱、利益诉求强的为次重点区。主要包括厂址 30 千米内（尤其是 5 千米内）的普通居民及学生等，是数量最为庞大的公众宣传对象，这类人群主要关注切身利益是否得到满足，在满足利益诉求的基础上，其对核电的态度较为容易改变。

影响力弱、利益诉求弱的为非重点区。不需针对其做特殊的公众宣传，在媒体宣传中稍加引导即可。

此外，根据近年来重大项目实施过程中遭遇民意反对的案例来看，对项目产生影响的还包括一些偏激的环保主义者、持不同意见人士，他们对核电项目不论好坏，一概反对；一些境外反华势力，通过诱导和支持对核电项目的反对声音，放大和激发社会矛盾与冲突，这些人群也是重要群体，需要特别关注。

5. 宣传方式：通俗易懂，喜闻乐见

以通俗易懂的形式开展核电公众宣传工作，让大家喜闻乐见并愿意接受，这是核电宣传工作者应该思考的。核电企业应根据核电项目所在地的社会经济环境和人文特点，在核电发展全过程持续不断地开展公众宣传工作。具体的宣传方式主要包括。

专业讲座：通过邀请院士、专家，举办核电发展与安全讲座、报告形式，消除政府部门及相关人员对核安全的疑虑，增强地方政府对发展核电的信心，加深政府部门对核电的支持力度。

知识宣讲：通过举办核电展览展示，发放科普教育读本、画册、折页、宣传片、挂图、挂历等宣传产品，将核电基础知识带进机关、校园、企业，提高各群体对核电知识的了解，营造浓厚积极的核电宣传氛围，取得各群体对发展核电的理解和支持。

居民座谈：政府相关部门、核电企业与厂区周边百姓进行座谈，发放核电科普小册子，布置宣传展板，由专业人员进行讲解，提升周边居民对建设核电的良好印象。

参观体验：以核电厂及其科普展馆、模拟机等独特资源为平台，通过各种形式的现场参观、体验和宣传教育活动，向公众普及核电知识。

媒体平台：通过报纸、电视等传统媒体与网站、微博、微信、抖音、快手等网络、新媒体并重开展公众科普宣传。

流动宣传：开展科普大篷车进社区、进校园、进乡村活动。通过大篷车走进基层村庄，为公众答疑解惑。

知识竞赛：组织科普知识竞赛和科普夏令营活动。让中小学学生在相关活动中增加对核电的了解，埋下核电的种子，增进对核电的感情。

多管齐下：还可以开展科普展览、科普咨询、主题论坛等形式传播。针对不同意见人士，应采取上门座谈，邀请参观核设施建设现场、核与辐射监督站等沟通方式。特别要注意选取经验丰富、经过严格训练的解说人员，确保可以从容应对各种情况的内容讲授。

6. 宣传内容：公众关心的话题

核能基础知识、发电原理，强调核能被人类和平利用是 20 世纪人类社会取得进步的一个重要阶梯；宣传核技术的广泛应用，目前核电已在社会生活的众多领域发挥着重要作用，并将随着科技进步在人们的日常生活中扮演着越来越重要的角色。

核能特征：安全、高效、清洁。宣传现代核电技术的先进性、安全性。我国核电建设起步于核电技术的成熟阶段，具有后发优势。我国在运、在建核电项目安全营运管理水平属于世界先进行列，新建核电项目在技术领域处于领先地位。我国的核电项目在安全保护上均采取纵深防御策略，且在核电运营方面有着多年积累的安全运营经验。

能源战略地位。宣传世界发达国家核能发展政策及态度；宣传国家能源发展规划政策，核电中长期发展规划；宣传发展核电是确保国家能源战略安全的重要举措；是实现节能减排、保护生态环境、改善空气质量、实现由传统能源向清洁能源转型的重要选择。

土地占用与拆迁补偿政策。配合乡（镇）政府关于征用土地、房屋拆迁及其补偿、补助费用的发放、使用情况的公开信息进行宣传说明，解除核电厂征用土地范围内企事业单位、村落和原住居民的后顾之忧。

辐射安全。宣传辐射防护知识和核应急知识，核电厂保证辐射安全的措施。

经济特性。发展核电项目将推动当地经济腾飞，带动关联产业发展，增加当地就业机会。

7. 宣传策略：因人而异，投其所好

针对党政机关主要领导，可重点采取当面会谈和集中学习参观等方式。宣传重点既有核电基础知识，又应着重介绍核电安全、清洁、高效、经济的特点。

针对人大代表、政协委员，沟通方式采取集体的讲座和参观等。宣传内容重点放在核电安全基本知识，消除安全顾虑，宣传对经济社会发展的积极影响。

针对具体部门负责人，如市委宣传部、发改委、国土局等负责人，除了采取上述的集体参观和学习外，还应安排公司相关部门直接联络。宣传重点主要是核电基础知识，以及核电建设对地方经济社会发展带来的积极影响。

针对媒体记者（含地方自媒体公众号运营者）、医生、教师、知识分子、企业家、不同意见领袖代表等，应注意借助媒体宣传。宣传重点除了核电的基本原理和固有安全性以及核电的优越性，还应针对不同职业特征有所区分，并且要注意对异议和疑问耐心解答。

针对厂址周边居民及学生，可采取科普知识进社区、进学校，大篷车、电影下乡等特色活动，并在当地开展公益活动，借助媒体宣传。重点宣传内容除了核电基础知识外，还应注意对于不同利益诉求的解答。

针对厂址 30 千米以外其他普通群体，由于距离较远，可采用微旅游、传统媒体与新媒体宣传的形式，重点科普核电基础知识。

二、白色钥匙：公开有度

白色钥匙：在书中指信息公开，白色代表中性和客观。白色钥匙寓意我们在核电的信息公开中要坚持客观的事实与数据。

信息公开是满足公众知情权的重要途径，也是核电企业履职尽责的重要体现。只有让核电项目在"阳光"下运行，接受全社会的监督，不对公众故意隐瞒和回避，才能真正消除公众对"核"的疑虑，保证核电事业朝着健康、可持续的方向发展。

核电企业信息公开的总体目标主要包括提高公众对核能利用的认知感和认同度；引导公众以更理性、更科学的目光看待核电发展；从了解到认知、信任、支持的观念转变。最终为核电事业的发展营造良好氛围，实现社会公众与企业的双赢。

1. 公开原则：准确、及时、易于理解

目前，核电信息公开工作主要的法规和政策依据有《中华人民共和国核安全法》《核安全信息公开办法》《环境影响评价公众参与暂行办法》《关于加强核电厂核与辐射安全信息公开的通知》《关于加强核与辐射安全公众宣传与信息公开工作的通知》等。

核电企业开展信息公开工作过程中，需要遵循准确、及时、易于理解、便于查询等基本原则，尽最大限度满足公众的知情权。

2. 公开形式：灵活、多样、与时俱进

信息公开形式是信息公开内容的载体，内容需要通过不同的形式传递给公众。多样的形式不仅有助于承载更多的内容，更能够扩大信息公开的传播力，提高信息公开效力，增加核

与辐射信息透明度。

信息公开形式根据其载体不同，大致可分为官方网站、新媒体、新闻发布会、撰写新闻通稿、公众参与活动以及其他信息公开形式等。结合各公开渠道的特点和实际工作经验，我们对于各种信息公开形式准备工作及注意事项提出几点建议。

核电厂第一次信息公告的发布应通过当地主要公众媒体（如报纸、电视、广播、微博、公众号等）、宣传册、通知、公告等便于公众知悉的方式。为确保公众能更有效地获取核电厂的相关信息，核电厂厂址附近的信息公告发布应采用在相关乡镇或居民点的宣传栏张贴公告公示。

在核电厂信息公开专用网站建立后，核电厂的相关信息公告和环境影响报告书简本可以通过信息公开专用网站发布。

（1）官方网站：快速了解信息

官方网站是最重要的信息公开渠道。各信息公开主体应特别注重通过门户网站进行信息公开，设置信息公开专栏，及时、准确、公开透明的发布信息，方便公众查询和了解相关信息。

（2）新媒体发布：流行的方式

新媒体包含微博微信、抖音快手等方式。新媒体具有传播速度快、内容多元、受众广以及交互性强等特点，是目前流行的信息公开渠道之一。微博建设要注意增强微博活跃度，加强与网友信息沟通，尽量运用简短、通俗语言发布信息。微信发布以精准和深度见长，使得一些信息可以比其他渠道更有具个性，获得公众的认同和网络舆论的认可度更高，文章发布内容也可更长。抖音快手发布以短视频形式随时随地传播大事件，传播速度更快，传播范围更广。

新媒体信息发布重点在于时效性和时事性，在发布信息过程中要注意建设完善的信息发布审核程序，严格信息审核，加快审核流转程序，及时发布信息，同时要求发布者具备新闻敏感性，抓住公众关心热点，用最为通俗易懂的语言，快速回应公众关切。

（3）新闻发布：权威的发声

新闻发布会是面向媒体和公众发布权威信息的重要渠道，影响力较大，因此需要专人负责处理日常各种事务。召开新闻发布会，首先要建立新闻发言人制度。在制定新闻发布的相关制度和程序的同时，要成立固定的新闻发言工作小组，对有关的新闻发布工作进行明确的分工（比如要确定由谁担任新闻发言人，由谁接听记者日常来电，由谁组织策划新闻发布会，由谁起草新闻发布稿和准备应答口径等等）。

其次是建立媒体及记者档案。在新闻发布活动中要把握主动权，就应该事先对出席发布会的各类媒体和记者的特点有所了解，做到心中有数。这就要求建立起规范的媒体和记者档案（比如要对各主流媒体的行政、舆情影响力有所把握，对记者的兴趣、爱好、特长等进行详细记录）。只有事先建立起详细的媒体和记者档案，才能预测与会媒体记者可能提出的问题，才能够做到有的放矢、有备无患。

（4）新闻通稿：统一发布口径

新闻通稿是统一发布口径的一种有效方式，是指由新闻通讯社或新闻秘书、党政宣传部门拟发的统一稿件。新闻通稿可以说是“特殊时期”对“特殊事情”进行“特殊新闻控制”的产物和工具。从这方面来说，新闻通稿是“炮制”的；严格意义上说，新闻通稿并不是新闻稿，而是有相对固定格式的信息发布方式。

对于新闻通稿要首先掌握其书写的模式，即：首先是导语部分，简明道出新闻事实；其次是正文部分，对事情的过程进行客观和正面叙述，不能赋予太多感情色彩；最后是结语，为后续的信息发布工作要留有余地，如使用“事故原因仍在调查中”等语句。

注意选择稳妥的发布渠道，在平时要建立起与各类媒体的联系，一旦需要在事件紧急状态下发布新闻通稿，则可选择合适的媒体进行新闻通稿的发布。

（5）公众互动：近距离接触

利用与公众面对面参与活动的机会，公开公众关心内容，将信息有效地传递给公众，及时就公开内容与公众进行细致沟通。公众参与活动包含公众宣传日、核电厂参观、学术交流活动、公众座谈会以及社区交流等活动。公众参与活动的目的就是与公众坦诚的沟通和交流，在互动中向公众表达自己、传递核电文化，因此公开内容要简洁和通俗易懂。

（6）其他形式：传统媒体

正常状态下的信息公开形式，还有诸如广播、电视、报刊、邀请媒体采访等多种形式，但不论哪种形式均需注意公开内容的及时性、准确性，同时根据不同的形式采取与之相比配的语言表达。

3. 公开内容：客观、详实、准确无误

信息公开文本依据信息公开主体不同，其文本内容也有所不同。

根据《环境保护部（国家核安全局）核与辐射安全监管信息公开方案》，正常状态下核与辐射安全监管信息公开内容主要包括：

（1）核与辐射安全法规、导则、标准、政策和规划，国家核安全局年报。

（2）核电厂的选址、建造阶段的核与辐射安全审评和监督、环境影响评价、厂址选择审查意见书、建造许可证等信息。

（3）核电厂试运行、运行阶段的核与辐射安全审评和监督、环境影响评价、首次装料批准书、运行许可证、运行事件或事故等信息。

（4）民用研究性核反应堆的核与辐射安全监管信息。

（5）核燃料循环设施的核与辐射安全监管信息。

（6）放射性废物处理、贮存、处置以及核设施退役的核与辐射安全监管信息。

（7）核安全设备监管信息。

（8）放射性同位素和射线装置等核技术利用项目及城市放射性废物库的辐射安全监管信息。

（9）核与辐射应急准备和应急响应信息。

（10）辐射环境质量和环境辐射监测基本信息。

（11）人员资质管理、注册核安全工程师考试等信息。

根据《关于加强核电厂核与辐射安全信息公开的通知》，正常状态下核与辐射安全信息公开内容主要包括：

（1）核电厂核与辐射安全和环境保护的守法承诺及机构设置。

（2）核电厂建设情况。核电工程项目阶段进展、环境影响评价报告基本情况、相关环境保护设施建设和运行情况。

（3）核电厂运行情况。核电厂安全运行状况、运行性能指标和周围环境辐射监测数据。

需要注意的是，根据《环境保护部信息公开指南》和《环境保护工作国家秘密范围的规定》，免予公开和属于国家保密范围的核与辐射安全信息不予公开。

按照国家有关规定，核电企业主动公开的信息主要包括：

（1）企业基本情况：企业名称、业务范围、办公地址、营业场所、联系方式等。如有变化需自发生变化之日起 20 个工作日内更新；如属于公司变更登记事项的，应在完成公司变更登记后 3 个工作日内更新。

（2）项目建设情况：环评报告、安评报告全文及评审情况。每季度公开一次在建机组的工程项目阶段进展、相关环境保护设施的建设和运行情况。

（3）机组运行情况：每月公开一次在运机组的运行情况，包括月度机组能力因子、非计划能力损失因子、发电量、可利用率等。

（4） 核电厂放射性流出：核电厂放射性流出物排放量设计值、控制值、批复限值及实际排放值。

（5）核电厂周围环境辐射监测情况：每年公开一次，公开内容包括监测内容、监测单位、监测方式、监测数据结果及质量保证，并说明与国家和国际相关标准的对比情况。

（6）工作人员接受辐射剂量情况：每年公开一次，内容包括个人剂量监测方法、监测数据，以及上一年度和过去五年内核电厂工作人员（含承包商）接受辐射剂量情况、超过国家限值的人数，并说明与国家和国际相关标准的对比情况。

（7）机构设置：应急计划区、应急方案、应急组织机构设置。

（8）运行事件：不定期公开，若初步判断属于 1 级及以上事件，需公开事件发生的时间、简要经过、发生原因（如未查明可不公开）、已造成或可能造成的影响（对机组安全运行、环境、工作人员和公众等）和采取的处理措施。对于未处理完毕的事件，应发布后续报告，及时公开事件动态、处理进展等信息，直至处理完毕。事件处理完毕后 15 个工作日内应公开最终确定的时间影响、事件原因、处理结果和改进措施等。

（9）信息公开指南：包括本企业信息公开工作机构的名称、办公地址、办公时间、联系方式；本企业接收信息公开申请的方式、途径和程序要求；本企业主动公开的信息种类、频率、途径和获取方式；其他帮助申请人提交信息公开申请的信息。信息公开指南内容如有变动，应及时更新。第一次信息公告的主要内容应包括：

① 拟建核电厂的名称、规模及概要。

② 拟建核电厂的建设单位的名称和联系方式。

③ 承担评价工作的环境影响评价机构的名称和联系方式。

④ 核电厂信息公开专用网站网址以及公众接待中心的地址和联系方式。

⑤ 环境影响评价的工作程序和主要工作内容。

⑥ 征询公众意见的主要事项。

⑦ 公众提出意见的主要方式。

第二次信息公告的主要内容应包括：

① 拟建核电厂工程简述。

② 拟建核电厂对环境可能造成影响的概述。

③ 预防或者减轻潜在不良环境影响所采取的主要对策和措施。

④ 环境影响报告书提出的环境影响评价结论的要点。

⑤ 公众查阅环境影响报告书简本的方式，以及公众认为必要时向建单位索取补充信息的方式和期限。

⑥ 征询公众意见的范围和主要事项。

⑦ 征询公众意见的具体形式。

（10）信息公告的时间要求：信息公告在环境影响评价公众参与活动过程中应保持公开。

（11）被征询意见公众的选择原则：建设单位或其委托的环境影响评价单位在选择被征询意见的公众时，应当综合考虑地域、职业、专业知识背景、表达能力、受影响程度等因素，以体现被征询意见公众的代表性，所选择的被征询意见公众应包括但不限于以下各利益相关方。

① 受核电厂建设和运行影响的公众，如核电厂拟设规划限制区内的公众、征地移民、依靠厂址附近环境特征谋生的公众等。

② 厂址所在区域各级政府相关部门。

③ 相关的企事业单位。

④ 有关专家。

⑤ 其他机构，如环境保护组织等民间社会团体。

主要被征询意见公众的选择范围应根据核电厂建设的具体情况，综合考虑核电厂环境影响的范围和程度、社会关注程度确定，重点关注核电厂厂址半径 15 千米区域。

4. 公开标准：清晰、规范、紧扣频次

对于前期及在建项目，因环评需要，需围绕核电项目相关信息进行七次信息公开。

第一次：环境影响评价信息公告。在建设单位确定承担环境影响评价工作的环境影响评价机构后 7 日内实施，实施主体为项目公司，公告载体为项目所在地政府网及报纸，公告时间不少于 10 个工作日。

第二次：环境影响评价信息公告。由建设单位在将环境影响报告书报送环境保护行政主管部门审批或者重新审核前实施，公告载体为项目所在地政府网站、报纸及建设单位网站，公告时间不少于 10 个工作日。

第三次：建设项目的环境影响评价文件受理公示。由生态环境保护部（国家核安全局）在受理建设项目环境影响报告书后，在其网站或者采用其他便利公众知悉的方式，公告环境影响报告书受理的有关信息，公示期限为 10 个工作日。

第四次：建设项目信息公开。由建设单位在其网站上公开建设项目信息。

第五次：建设项目信息公告。由项目所在地人民政府在基本具备上报核准条件的前提下进行公告，公告载体为项目所在地政府网站，公示期限为 15 个工作日。

第六次：拟作出的建设项目环境影响评价文件批复决定的公示。生态环境保护部（国家核安全局）在生态环境保护部拟对环境影响报告书（表）作出批复时，将环境影响报告书的基本情况进行公示，公示载体为生态环境保护部网站，公示期限为 5 天。

第七次：作出的建设项目环境影响评价文件批复的公告。由生态环境保护部（国家核安全局）进行作出的建设项目环境影响评价文件批复的公告，公示载体为生态环境保护部网站、《中国环境报》和《生态环境保护部公报》等，公示期限为 7 天。

对于运行中的核电项目，我们必须在公司官方网站等网络平台上公布动力因子、工业安全、三废管控、环境监测、运行事件、一级火险次数、辐射防护等七类数据。

在年度沟通中，还应该通过企业社会责任报告等载体披露核与辐射安全信息，确保核电厂透明运行，信息公开，接受公众的持续监督，赢得公众的信赖和支持。

5. 公开策略：依法、合规、沟通到位

核电项目在实施信息公开中必须做到依法、合规、高效。同时必须确保实施信息公开前，公众沟通工作已开展到位。对于与环评相关信息的公开，应提前做好相应的舆情风险应对预案。对于项目建设期间的进展情况披露，应该在公司网站建立专栏，专人负责信息披露和更新。对于核电厂日常核与辐射安全运行信息，核电厂应建立专栏，并将相关形式进行转化，以公众可以接受的可视化信息的方式进行表述，并注意沟通形式的易懂、易读、易获性。

在满足法规和上级监管部门的信息公开要求的基础上，核电企业还应该根据企业自身品牌发展的需要，注重社会责任的实践。通过新闻发布会、年度社会责任报告等多种载体和形式定期披露核电厂发展及安全运行的相关信息，提高核电企业的知名度、美誉度以及公众对核电行业的认知度。

三、红色钥匙：参与有位

红色钥匙：在书中指公众参与，红色代表情绪和感情。红色钥匙寓意我们在核电的公众参与中要尊重公众的感性诉求与看法。

公众参与，是真正地融入到核电建设中来，不是走过场，更不是形式主义。让公众参与到项目中是对公众的尊重，也有利于核项目的展开，减少误解，避免冲突，协商解决公众疑虑的问题。

公众参与内容分为三个层面：第一是立法层面的公众参与，如立法听证和利益集团参与立法；第二是公共决策层面，包括政府和公共机构在制定公共政策过程中的公众参与；第三个层面是公共治理层面的公众参与，包括法律政策实施、基层公共事务的决策管理等。

如今，国家越来越重视公众参与的权利，尤其是在环境保护领域。推动公众依法有序参与环境保护，是党和国家的明确要求，也是加快转变经济社会发展方式和全面深化改革步伐的客观需求。党的十九大报告明确指出，“保障人民知情权、参与权、表达权、监督权，是依法实行民主选举、民主决策、民主管理、民主监督的基础，也是深化政治体制改革，发展社会主义政治文明的前提。”。新修订的《环境保护法》在总则中明确规定了“公众参与”

原则，并对“信息公开和公众参与”进行专章规定。中共中央、国务院《关于加快推进生态文明建设的意见》中提出要“鼓励公众积极参与。完善公众参与制度，及时准确披露各类环境信息，扩大公开范围，保障公众知情权，维护公众环境权益。”此外，为贯彻落实党和国家对环境保护公众参与的具体要求，满足公众对良好生态环境的期待和参与环境保护事务的热情，环境保护部于 2015 年 7 月发布了《环境保护公众参与办法》，作为新修订的《环境保护法》的重要配套细则。

在核电厂建设项目各阶段的环境影响报告书中，均应编制公众参与篇章，切实反映通过各种渠道获取的公众对于核电厂建设的意见和建议，并给出对于公众意见和建议采纳。

开展核电厂环境影响评价活动公众参与工作的主体是项目建设单位，并对公众参与活动的结果负责。建设单位可以委托承担环境影响评价工作的机构，开展核电厂环境影响评价公众活动参与工作。

国务院环境保护行政主管部门可以组织核安全与环境专家委员会会议，对环境影响报告书中有关公众意见采纳情况的说明进行审议，判断其合理性并提出处理建议。国务院环境保护行政主管部门在作出审批决定时，应当认真考虑核安全与环境专家委员会的处理建议。国务院环境保护行政主管部门认为有必要时，可通过组织召开听证会等形式再次征询公众意见。

国务院环境保护行政主管部门在受理建设单位的环境影响报告书时，应同时将公众参与篇章在政府网站上公示，有效期直至环境影响报告书审批结束。

1. 参与要求

（1）厂址审批阶段

环境影响报告书是国务院环境保护行政主管部门审批核电厂厂址的重要技术文件，同时也是国务院环境保护行政主管部门审批核电厂建设项目的依据。本阶段环境影响评价活动公众参与，应充分体现厂址所在区域相关政府部门、单位、专家和个人对核电厂建设的意见和建议。

在核电厂厂址审批阶段，建设单位应在广泛征询公众意见之前，通过直观有效的方式向项目所在地公众普及核电相关知识，如分发核电知识宣传册、组织核电知识专题讲座、举办核电知识展览和核电厂现场参观等。以通俗易懂的形式，让公众知道核电是什么，它能带来什么价值及存在什么风险等基本常识。

核电厂建设单位应建立永久的信息公开专用网站，充分利用互联网的优势，面向社会开展公众参与，为公众提供信息传递的互动平台。

核电厂厂址审批阶段环境影响评价公众参与工作的实施主要包括以下步骤：

① 第一次信息公告

核电厂建设单位应当在确定承担环境影响评价工作的机构后 7 个工作日内，向公众公告建设项目相关信息。

② 第二次信息公告

核电厂建设单位在其委托的环境影响评价机构得到环境影响评价的初步结论后，采用便于公众知悉的方式，向公众公告核电厂环境影响评价的主要内容和相关信息，并发布环境影响报告书简本。

③ 征询公众意见

在公开环境影响评价一号、二号信息公告和环境影响报告书的简本后，同时采取互联网、公众接待、发放调查表和召开公众座谈会（或听证会）等方式公开征询公众意见。

④ 公众意见反馈

公众参与活动中所有的公众意见和建议，建设单位或其委托的环境影响评价单位应及时进行有效的处理，并在专用网站上或环境影响报告书中予以反馈。

（2）建造与运行阶段

环境影响报告书是国务院环境保护行政主管部门审批核电厂建造许可证的重要技术文件。核电厂建造阶段环境影响评价中的公众参与，作为前阶段公众参与工作的延续；重点关注征地移民安置的落实、前阶段公众关注问题的解决、核电厂环境保护相关设施初步设计所致环境潜在影响的进一步分析等，让公众了解核电厂为尽可能减少对环境的影响而在其环境保护相关设施初步设计方面的改进，并对核电厂的初步设计提出相关的意见和建议。

核电厂运行阶段环境影响报告书是国务院环境保护行政主管部门审批核电厂运行许可证的重要技术文件。核电厂运行阶段环境影响评价中的公众参与作为前阶段公众参与工作的延续，让公众了解核电厂环境保护相关设施的运行效能以及核电厂的最终设计与建造对环境的潜在影响。重点是让公众了解核电厂各项环境保护设施在工程建设上的落实情况，以及公众关注问题的处理，并对核电厂的运行提出相关的意见和建议。

核电厂建造阶段和核电厂运行阶段环境影响评价中的公众，参与主要通过核电厂信息公开专用网站和公众接待中心进行。建设单位应保证网站和公众接待中心的可用性，并在网站上及时发布核电厂相关的环境信息、环境影响报告书简本；对公众通过各种渠道提出的所有问题进行解答，向公众告知其所关注问题的解决和落实情况。

与公众展开积极互动，是核电企业公众沟通的有效途径。核电项目因其特殊性，在建设之初，就需要接受相关部门严格的审核与监管，并按照国家法律法规及相关政策的要求，实现广泛的公众参与。

公众参与的最终目标是客观准确地收集公众意见，掌握公众对核电项目的态度，发现潜在问题，提高环评、稳评工作的科学性和针对性。通过提升公众参与深度，让社会各阶层代表适当、合法地参与核电监督、论证等工作，消除误解，形成积极的社会舆论，督促有关各方做好工作。

2. 参与原则

公众参与的总体目标是提高核电项目周边公众对项目进展情况的认知程度，客观准确地收集公众意见，调研公众对核电项目的可接受程度。公众参与必须依法合规，注意把握以下五大原则。

① 知情原则。公众参与前，应事先做好信息公开和宣传引导，以便公众在知情和理性的基　础上提出有效意见。

② 公开原则。在公众参与的全过程中，应保证公众能够及时、全面并真实地了解建设项目的相关情况。

③ 平等原则。努力建立利害相关方之间的相互信任，不回避矛盾和冲突，平等交流，充分理解各种不同意见，避免主观和片面。

④ 广泛原则。设法使不同社会、文化背景的公众参与进来，在重点征求受建设项目直接影响公众意见的同时，保证其他公众有发表意见的机会，特别是持反对意见的公众和弱势群体有发表意见的机会，要有针对性地寻找对方信任的人进行专门沟通。

⑤ 便利原则。根据建设项目性质以及所涉及区域公众的特点，选择公众易于获取的信息公开方式，便于公众参与方式。

3. 参与群体

受建设项目直接影响的单位和个人。居住在项目影响范围内（30 千米）的个人；在项目影响范围内拥有土地使用权的单位和个人；利用项目影响范围内某种物质作为生产生活原料的单位；单位和个人建设项目实施后，因各种客观原因需搬迁的单位和个人。

受建设项目间接影响的单位和个人。移民迁入地的单位和个人；拟建项目潜在的就业人群、供应商和消费者；受项目施工、运营阶段原料及产品运输、废弃物处置等环节影响的单位和个人；拟建项目同行业的其他单位或个人；相关社会团体或宗教团体。

有关专家。特指因具有某一领域的专业知识，能够针对建设项目某种影响提出权威性参考意见，在环境影响评价过程中有必要进行咨询的专家。

关注建设项目的单位和个人。各级人大代表、政协委员、相关研究机构和人员、合法注册的环境保护组织；建设项目的投资单位或个人；建设项目的设计单位；环境影响评价单位；环境行政主管部门；其他相关行政主管部门。

4. 参与方式

公众参与贯穿核电厂选址、建造、调试、运行和退役等主要阶段，是公众表达意见的主要渠道。核电项目负责单位应高度重视并积极配合项目所在地市人民政府实施公众参与，为项目所在地市人民政府开展选址阶段的公众问卷调查、公众沟通座谈会等提供必要的技术支持，并在意见反馈工作中提供必要的技术支持。

（1）问卷调查

问卷主要调查公众对建设项目所在地现状的看法，公众对建设项目的预期、态度，公众对减缓不利影响措施的意见和建议。根据建设项目的具体情况，必要时还应针对特定的问题进行补充调查。应支持公众就其感兴趣的个别问题发表看法。

① 基本要求

问卷调查由地方政府主办，项目公司协办。对于新项目，在正式启动公众沟通工作之前，需在当地进行一次问卷调查，可结合实际采取集中调查或一对一调查的方式；对于所有项目，在确定环评单位公示后、报告书报送行政主管部门审批或者重新审核前应完成问卷调查，建议采取一对一调查的方式。

问卷调查的形式主要为书面调查，可委托专业调查公司实施。调查范围应当与建设项目的影响范围一致。调查数量要求有效问卷不少于 500 份，且 5 千米规划限制区范围内的问卷应不少于 60%，涉及跨域沟通，异域调查问卷应占有一定比例，调查问卷总数可适当增加。具体数量应当根据建设项目的具体情况，综合考虑影响的范围和程度、社会关注程度、区域人口数量及分布特点、组织公众参与所需要的人力和物力资源以及其他相关因素确定。

问卷调查前应向被调查者发放第一次公示内容。问卷调查中，应给公众足够的时间了解相关信息和填写问卷，公众须填写个人真实身份信息（姓名、住址、身份证号、联系方式等），以确保调查结果的真实性。对于公众做否定回答的问题，应进一步询问答案背后的原因。填写问卷时，应确保至少有一名对项目情况熟悉的人员进行指导和答疑。无法现场解答的疑问，可请对方填写在问卷中，待信息统计结束后请专业人士统一解答并反馈。

② 问卷内容

调查问卷的内容设计应简单、通俗、明确、易懂，主要采用选择题方式，要求公众对其关系最密切及敏感的问题给出选择性回答。同时还应设置问答部分，便于公众根据自身对于核电厂建设项目的认识，对建设项目的环境保护提出意见、要求和建议。调查表应避免有可能对公众产生明显诱导的问题。

在调查问卷的设计上，还应包括被征询意见公众基本信息及联系方式、拟建核电厂概况、建设必要性、核电厂潜在的环境影响及初步评价结论等内容。

A. 调查问卷标题。

B. 建设项目相关信息。问卷应简单介绍建设项目的基本情况，同时，应注明信息公开的时间、地点、方式。

C. 公众信息。可根据建设项目的特征、公众参与的主要目的、调查的主要内容和公众意见的统计分析方法等因素，考虑设置姓名、性别、年龄、职业、文化程度、可能受到的影响类别、住址、联系方式等内容。

D. 调查题目。调查问卷的主体部分，即以提问的形式，罗列需要征求公众意见的议题或事项，主要包括对核电科学知识的知晓情况、对核电项目的态度、接触核电信息的主要渠道等。

E. 调查问卷执行人信息。应在调查问卷的最下方，设置问卷调查执行人签字的区域。

③ 调查对象

问卷调查应充分考虑被调查人群的代表性，综合考虑性别、年龄、职业、文化程度、受影响情况等因素，充分征求社会各界的意见，并重点关注可能受核电项目建设、运行直接或间接影响的公民、团体和其他组织。

重点群体包括：项目周边五公里范围内的街道主任、村长、村支书、队（组）长，学校校长，意见领袖等；所在地方宣传部、发改委、环保局、国土局、公安局、教育局、林业局、海洋局、城建局、交通局、核电办等公务员代表。所在市县的主要企业、科协、媒体、电网公司、发电企业、地方支柱企业等机构的员工代表。

④ 统计分析

在进行统计分析前，应对调查问卷中有效的公众意见进行识别。识别出有效公众意见后，根据具体情况进行分类统计，以便对公众意见进行归纳总结，提供采纳与否的判断依据。分类可包括年龄分布及各年龄段关注的问题、性别分布及其关注的问题、不同文化程度人群比例及其所关注的问题、不同职业人群分布及其关注的问题、受建设项目不同影响的人群的意见及主要意见的分类统计结果等。

⑤ 信息反馈

报告书报送行政主管部门审批或者重新审核前，应以适当方式将公众意见采纳与否的信息及时反馈给公众，这些方式包括：

A. 信函。

B. 在建设项目所在地的公共场所张贴布告。

C. 在建设项目所在地的公共媒体上公布被采纳的意见、未被采纳意见及不采纳的理由。

D. 在特定网站上公布被采纳的意见、未被采纳意见及不采纳的理由。

在信息公告、问卷调查期间，项目公司应设立公开电话，接受公众咨询，听取公众意见。

对回收的有效调查问卷应做一定比例的回访，回访主要关注填报的个人信息是否真实，是否可联系，填写的个人意见是否真实，是否代表了本人意愿，并将回访情况做好记录备查。相关信息一并编录入公众参与工作报告。

（2）座谈会

在核电厂厂址审批阶段，建设单位或其委托的环境影响评价单位应在调查表回收统计分析的基础上，应通过座谈会的方式进一步征询公众的意见。

① 基本要求

座谈会由所在地市政府主办、项目公司协办。主要关注事项如下：

A. 议题确定：应当根据影响的范围和程度、因素和评价因子等相关情况，合理确定座谈会或者论证会的主要议题。

B. 会议通知：在座谈会召开 7 日前，应将座谈会的时间、地点、主要议题等事项，书面通知参会代表。

C. 会议纪要：在座谈会或者论证会结束后 5 日内，根据现场会议记录整理制作座谈会议纪要或者论证结论，并存档备查。会议纪要或者论证结论应当如实记载不同意见。

② 参会代表

参会人员由地方政府代表、项目所在公司代表、专家及公众组成。公众确定原则应优先选择存在顾虑的公众，并应选取社会各界代表，从被调查公众中随机选取，包括个人申请参加会议的公众。

参会公众不少于 30 人，工人、农民、干部、学生、商人、待业人员均不少于 5 人。其中受建设项目直接或间接影响的公众个人代表比例不得少于公众代表人数的 50%。

公众代表来源包括但不局限于：

A. 公众调查中持反对意见的代表。

B. 公众调查中持明确意见的代表。

C. 政府机关代表：宣传部、发改委、环保局、国土局、公安局、教育局、林业局、海洋局、城建局、交通局、核电办等。

D. 企事业单位代表：科协、媒体、电网公司、发电企业、地方支柱企业等。

E. 院校师生代表：重点为 5 千米以内学校。

F. 城乡居民代表：各区县代表 1 名，重点 5 千米以内的乡镇（街道）代表。

G. 意见领袖：网络名人或在当地较有影响力的人。

③ 会议议程

A. 核电项目情况介绍。

B. 问卷调查情况汇报。

C. 公众代表疑虑问题陈述。

D. 公众疑虑问题解答：结合公众代表提出的顾虑，地方政府代表、项目公司代表、专家和学者等进行针对性解答。

（3）听证会

建设单位或其委托的环境影响评价机构（以下简称“听证会组织者”）决定举行听证会征询公众意见的，应当在举行听证会的 10 日前，通过公共媒体或者采用其他公众可知悉的方式，公告听证会的时间、地点、听证事项和报名办法。希望参加听证会的公民、法人或者其他组织，应当按照听证会公告的要求和方式提出申请，并同时提出自己所持意见的要点。

听证会组织者应按规定在申请人中遴选参会代表，并在举行听证会的 5 日前通知已选定的参会代表。听证会组织者选定的参加听证会的代表人数一般不得少于 15 人。听证会组织者举行听证会，设听证主持人 1 名、记录员 1 名。被选定参加听证会的组织的代表参加听证会时，应当出具该组织的证明，个人代表应当出具身份证明。被选定参加听证会的代表因故不能如期参加听证会的，可以向听证会组织者提交经本人签名的书面意见。参加听证会的人员应如实反映对建设项目环境影响的意见，遵守听证会纪律，并保守有关技术秘密和业务秘密。

听证会必须公开举行。个人或者组织可以凭有效证件按规定向听证会组织者申请旁听公开举行的听证会。准予旁听听证会的人数及人选由听证会组织者根据报名人数和报名顺序确定。准予旁听听证会的人数一般不得少于 15 人。旁听人应当遵守听证会纪律。旁听者不享有听证会发言权，但可以在听证会结束后，向听证会主持人或者有关单位提交书面意见。

新闻单位采访听证会，应当事先向听证会组织者申请。

听证会按下列程序进行：

① 听证会主持人宣布听证事项和听证会纪律，介绍听证会参加人。

② 建设单位的代表对建设项目概况作介绍和说明。

③ 环境影响评价机构的代表对建设项目环境影响报告书做说明。

④ 听证会公众代表对建设项目环境影响报告书提出问题和意见。

⑤ 建设单位或者其委托的环境影响评价机构的代表对公众代表提出的问题和意见进行解

释和说明。

⑥ 听证会公众代表和建设单位或者其委托的环境影响评价机构的代表进行辩论。

⑦ 听证会公众代表做最后陈述。

⑧ 主持人宣布听证结束。

听证会组织者对听证会应当制作笔录。听证笔录应当载明下列事项：

① 听证会主要议题。

② 听证主持人和记录人员的姓名、职务。

③ 听证参加人的基本情况。

④ 听证时间、地点。

⑤ 建设单位或者其委托的环境影响评价机构的代表对环境影响报告书所作的概要说明。

⑥ 听证会公众代表对建设项目环境影响报告书提出的问题和意见。

⑦ 建设单位或者其委托的环境影响评价机构代表对听证会公众代表就环境影响报告书提出问题和意见所作的解释和说明。

⑧ 听证主持人对听证活动中有关事项的处理情况。

⑨ 听证主持人认为应记录的其他事项。听证结束后，听证笔录应当交参加听证会的代表审核并签字。无正当理由拒绝签字的，应当记入听证笔录。

（4）人民代表大会常务委员会审议

核电项目按要求，一般应在项目第二次信息公告结束后，“两评报告”上报审查前，提请项目所在地市级人民代表大会常务委员会（以下称人大常委会）审议批准。

项目所在地的市级人民政府（简称市政府）提出《XXXX 市人民政府关于提请同意批准在 XXXX 市建设 XXXX 核电项目的议案》，报送市级人大常委会审议。

针对市政府《XXXX 市人民政府关于提请同意批准在 XXXX 市建设 XXXX 核电项目的议案》提案，人大常委会依据相关法定程序给予审议，审议时由项目所在地市政府市长或主管副市长，向大会报告提案内容，项目公司相关领导、技术人员，必要时邀请专家列席会议负责回答人大常委会组成人员的提问和咨询。

人大常委会听取提案报告和咨询意见后，经过充分酝酿以票决方式进行表决，审议通过并出具《XXXX 市人民代表大会常务委员会关于同意批准在 XXXX 市建设 XXXX 核电项目的决定》，决定应标明应到会，实到会人数，赞同票、弃权票、反对票的票数。

（5）公众参与报告编制

依据《环境影响评价公众参与暂行办法》（环发［2006］28 号）及其他法规要求，项目公司应及时编制公众参与专题报告，公众参与专题报告是项目可行性研究报告的组成部分，一般以章节或专篇包含在可行性研究报告中。

四、黑色钥匙：舆情有招

黑色钥匙：在书中指舆情管理，黑色代表冷静和严肃。黑色钥匙寓意我们在核电的舆情管理中要有风险思维，要小心和谨慎。

舆情是“舆论情况”的简称，它是较多群众关于社会中各种现象、问题所表达的信念、态度、意见和情绪等等表现的总和。

网络舆情是以网络为载体，以事件为核心，是广大网民情感、态度、意见、观点的表达，传播与互动，以及后续影响力的集合。带有广大网民的主观性，未经媒体验证和包装，直接通过多种形式发布于互联网上。网络舆情是社会舆情在互联网空间的映射，是社会舆情的直接反映。而随着互联网的发展，网络舆情危机此起彼伏，对社会发展造成了相当程度的影响，然而受公共管理传统思维模式的束缚，一些地方政府在应对网络舆情危机这一新现象时却相当被动，如何妥善应对网络舆情考验地方政府的执政能力。

突发事件后往往很容易受到媒体聚焦和网民关注，特别是与民利益相关的重大突发事件，舆论关注度会在短时间内出现暴增，此时政府的一举一动都处在舆论聚光灯下，迅速成为公共热点。如果政府事件处置不当，就会再生舆情，推波助澜，让自己陷入舆论漩涡。而舆情应对失误，则会平添质疑，助长谣言，干扰事件处置，损害政府形象和公信力。要做好突发事件舆情应对工作，需要遵循“及时准确、公开透明、规范有序、科学适度”四个方面原则。

在突发事件、危机事件中，最有效的宣传方法就是及时召开新闻发布会，发布准确消息。在重要敏感事件中，沉默未必是金。

舆论场中，由于核电行业的特殊性，使“涉核舆情”具备了低燃点、高烈度的舆情特征，核电行业也因此成为舆情高危领域。在实际工作中，舆情管理考验着核电企业日常危机管控、应对突发事件的能力。基于公众沟通的核电舆情管理主要有两大目标：一是妥善及时处理各种“涉核舆情”事件，确保核电项目和核电事业的顺利发展；二是通过舆情应对中的答疑解惑和深入分析，以舆情事件为契机，使公众更多地了解真实的核电事业，提升公众接受度，树立核电行业良好社会形象。

1. 舆情趋势

近年来，网络技术的迅猛发展使微博、微信、抖音等成为备受广大公众追捧的舆论新阵地，从而使网络舆情呈现如下新特点。

传播更为迅速。与传统媒体单向线性传播不同，网络舆情传播具有非线性、爆炸式的特点，2010 年微博的兴起推动了网络信息传播形式的巨大改变。短短几十字的微博发文限制大大降低了公众的准入门槛，公众可以通过互联网或手机随时随地将所见、所想第一时间上传至网络，而粉丝加粉丝“一键式”的互相转发，更使网上信息呈几何级的速度裂变传播。

内容更趋多元化。更多公众的参与使得网络舆论话题日趋宽泛、内容更加多元化。目前，网络舆论的主题从国家政策、军事外交、文化娱乐、企业生产到百姓生活，无所不包。既有积极向上的言论、合理的利益诉求，也有消极、庸俗化的言论和情绪表达，各种价值理念、思想意识、道德观念似乎都可以在网上形成一个小的舆论场。

影响力日趋增大。网络强大的社会组织动员能力凸显。中国互联网信息中心（CNNIC）公布的数据显示，截至 2019 年 6 月，我国网民规模达 8.54 亿，互联网普及率为 61.2%。8.54 亿网民形成的巨大的舆论场，或发布信息、或评论、或质疑，必将深刻影响我国的社会生态，加速中国社会的法治化进程。

危害性更为严重。2011 年福岛核事故之后，我国核电的任何一点风吹草动都会陷入舆论旋涡。网络在给人们提供海量信息的同时，不免泥沙俱下。“碘盐防辐射”等在网上迅速传播的虚假谣言，极大误导了公众，引发了社会性恐慌。而那些极端、非理性的信息，更是利用网络信息传播的迅速性和匿名性，在某些网络推手、反动分子的恶意推动下大肆传播，形成“网络暴力”，杀伤力巨大，给政府工作和社会稳定带来极大危害。

2. 处置机制

和谐的网络环境是构建和谐社会的应有之义。政府必须提高对网络舆情的重视程度，建立科学的分级响应与处置机制，有效应对网络舆情。既充分发挥网络在民意表达中的积极作用，促进政府工作；又有效规避其负面影响，维护社会稳定。

（1）随时掌握网络舆情动向

建立完善的网络舆情日常监测机制是地方政府有效应对网络舆情的基础。政府必须首先依托专业组织和专业人员，建立一套由相关部门共同组成、高效运作的网络舆情日常监测系统。该系统主要进行四个环节的工作：一是舆情规划，根据政府对舆情信息的需求，确定需采集的舆情信息内容；二是舆情收集，采用自动信息采集和人工干预相结合的方式进行网络舆情信息收集。重点关注网络社区 / 论坛 /BBS、博客、微博、微信、抖音等网络舆情的主要载体，特别要监测本地论坛、百度贴吧等网民较为活跃的场所；三是舆情分析，将收集到的舆情信息按主题自动分类、归类，根据新闻评论的数量、发言的密集度识别热点话题，利用关键字布控和语义分析识别敏感话题，分析舆情信息的倾向性，生成舆情信息简报；四是舆情报送，及时向相关部门通报舆情分析结果，以便各部门及时采取处置措施，避免群体非理性行为的发生。

（2）全方位舆情应对

分级评估网络舆情，开展全方位舆情应对是政府有效应对网络舆情的关键。政府要对报送的舆情认真会商、研判，根据舆情性质、影响程度、涉及范围等因素，将其划归为网络民意、负面舆情、重大舆情三种预警等级，针对不同情况，启动不同的应对机制，实施差异化的处置方案，有效开展全方位舆情应对（见图 2–5）。

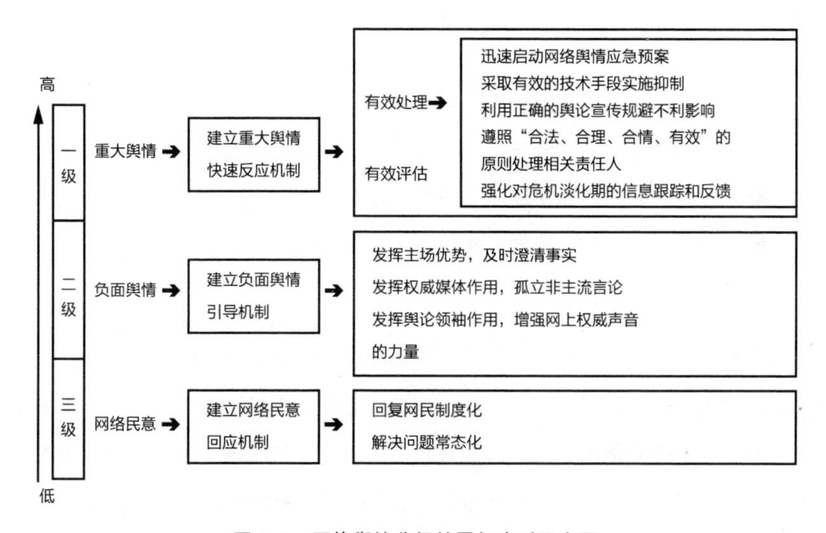

图 2-5　网络舆情分级处置与应对示意图

① 建立网络民意回应机制，切实解决舆情热点问题

面对网络民意，建立快速回应机制。完善网络民意的审核、答复和转办机制，促使各部门积极回应各自工作领域中网民关心的议题，通过积极的沟通沟通，提高民众的政府认可，减轻民间不满情绪。这一环节的工作需做到两个方面：回复网民制度化和解决问题常态化。

回复网民制度化。构建回复问题的制度化机制，从受理内容、回复原则、回复程序等方面规范网民留言批示件网上回复工作规则和流程。积极回应网民问题，根据不同情况，做好处置和答复工作：咨询类问题，及时回帖，耐心解释政府政策；建议类问题，认真分析论证，科学合理采纳；投诉类问题，严格核实，妥善做好化解处置工作。通过积极的、制度化的沟通，提高民众的政府满意度，有效促进政府工作。

解决问题常态化。构建解决问题的常态化机制，以积极认真负责的态度解决网民反映的突出问题。规范网民问题的受理、转办、反馈等工作流程，做到统一受理，分级负责，归口办理。情况复杂，需多个部门参与才能解决的问题，要及时在网上说明并在规定时限内办毕。对于网上群众反映的食品安全、官员腐败等突出问题，一经查实，务必坚决处理相关责任人，做到“网上问事、网下问人”。同时，明确专人进行督办，定期通报网络社情民意办理处置情况，真正形成长效机制和问责机制。

② 建立负面舆情引导机制，正确引导网络舆论

针对负面舆情，建立调控引导机制。利用正确的舆论宣传造势推动事物朝正方向发展，规避负面舆情带来的不利影响。这一环节的工作须做到三个发挥：

发挥主场优势，及时澄清事实。首先要迅速启动网络新闻发言制度，开展与网络媒体的联系协调，系统化有节奏地发布经核实的权威信息，阐释政府政策，回应质疑，消除误解，化解矛盾；其次要充分发挥自属主流网站作用。主动设置网络议题，集中以视频、文字、图片等多种形式就事件最新发展做真实发布，尽可能地把网民都吸引到自属网站上来，确保舆论的主流按网站设计的方向前进。

发挥权威媒体作用，孤立非主流言论。最大限度地争取传统媒体的支持。报纸、广播、电视等传统媒体传播信息虽不如网络快捷，但其权威性却不容动摇，它的这一优势使其可以在很多方面影响和规范网络信息传播。地方政府可通过在传统媒体发新闻通稿等形式，扩大正面声音的作用范围，消解噪音、杂音造成的不良影响；最大限度地争取大型门户网站的支持。一般来讲，发生热点事件时，网民通常选择第一时间登录公信力强、影响力大、转载率高的大型门户网站查询相关信息。因此，地方政府应积极与搜狐、新浪等网站建立联系，在这些大型门户网站上搭建权威发布平台，使网民能够及时查询到权威、准确的信息资料，而不被错误信息所干扰。

发挥舆论领袖作用，增强网上权威声音的力量。拉扎斯菲尔德的二级传播理论指出，当网上各种信息糅合在一起、各种观点激荡时，舆论领袖将成为核心人物，从而对网上舆论起到控制性作用。面对负面舆情，地方政府需注重发挥舆论领袖的作用，努力增强正面控制力。首先要安排知名官员、学者与网民交流，利用权威引导舆论。通过意见权威的理性分析、阐述，澄清虚假不完整信息，引导舆论朝着理性、可控方向发展；其次要在“公民报道者”和“网络意见领袖”中发展“盟友”，通过摆事实讲道理说服对方，使其实现“舆论反转”；最后，挑选政治素质过硬、业务能力强的人才，充实到网络评论队伍中，围绕网上热点难点问题，适时发表政策解读文章与正面评论，主动引导网上舆论。

③ 建立重大舆情快速反应机制，科学化解舆论危机

应对重大舆情，建立联动应急机制。面对舆情危机事件，地方政府必须及时形成高效统一的决策机制，顺畅有序的危机协调机制，务实有力的危机执行机制，务必第一时间化解危机，维护社会稳定。这一环节的工作需做到两个有效：有效处理和有效评估。

有效处理，即迅速启动网络舆情应急预案。参照危机处理预案成立领导小组、事件监控小组、调查处理小组和新闻发布小组，各司其职，做好各种走向的应对准备，力争迅速控制事态。同时，及时向上级主管部门汇报，争取上级部门的支持；采取有效的技术手段实施抑制。以“关键词过滤”技术屏蔽敏感词组，通过“沉贴”等方式冷却、降温热贴，延迟审核和发布网站新帖等，利用正确的舆论宣传规避不利影响。

坚持网络舆情危机事件处置与新闻舆论引导同时布置、同时落实。启用“舆论领袖”等负面舆情引导机制对公众进行正确引导，必要时可以深入挖掘事件背景，澄清是非，使舆论危机转化为舆论讨论。并且对处置事件的行动做出及时解释说明。尽力解释事件的具体情况和发展状况，争取将处理原因、处理结果等及时通过相关部门、权威媒体、地方网站向公众发布，使公众获知事件真相，感知政府的努力和诚意。

遵照“合法、合理、合情、有效”的原则处理相关责任人。第一时间查实负面信息所涉事件和相关责任人，及时进行处理。对别有用心的敌对分子或故意散布网络谣言引发社会恐慌者要予以严厉打击，对不明真相的人民群众予以耐心教育引导，既要遵守法律，又要考虑社会观感。强化对危机淡化期的信息跟踪和反馈。24 小时不间断地对事件进行跟踪和反馈，不间断地对重点网站、重点论坛等进行主题检测和专题聚焦，保持对事态的第一时间获知权。利用技术手段继续对事件进行调控，防止事件死灰复燃，真正确保事件平息。

有效评估，即重大舆情危机处置后，政府应对舆情引导的过程和结果进行考核评估。认真对前一阶段舆情应对的情况进行总结、反思，并对不负责任者进行问责，如此才能真正提升其应对网络舆情的能力。需要注意的是，重大舆情危机的处置不是公关活动。重大舆情是社会矛盾、社会冲突的集中反映，其根源在于现实问题尚未得到妥善解决，如果不正视这些问题，网络舆情的引导、应对就不可能取得根本成效。

3. 管理原则

核电舆情管理是指对公众通过各种形式表达出的信念、态度、意见和情绪等信息进行预警、收集、分析、反馈，从而获得舆情态势变化数据，做出舆情处置决策，化解舆情危机的过程，为核电发展营造稳定的舆论氛围。

基于核电舆情的特征，核电企业日常舆情管理需要做到快、准、狠，既要未雨绸缪，又要刚柔并济。从舆情源头出发，着眼舆情全流程把控，将舆情负面影响降到最低，并利用法律武器对谣言等乱象及时“亮剑”。

协同应对快速反应。构建政府与企业、本部与成员公司的联动协调机制，明确职责分工、联络渠道，实时监测、及时沟通、快速反应、相互配合。

注重防范充分准备。通过各级舆情监控体系，对舆情进行广泛、多渠道、实时性监控，及时发现和消除不利因素，避免引起突发性事件。同时，做好突发事件应对预案准备、组织准备以及物资保障准备。

妥善处置减小影响。对舆情事件及时回应、有效控制，对群体性舆情事件及时处置、有效化解，尽可能减小和消除事件影响，保障项目顺利推进。

4. 管理手段

通过对“涉核舆情”演化过程及应对处置的研究分析，核电企业舆情管理的主要工作分为舆情监测、舆情分级、舆情报告、舆情应对等几大部分。

① 舆情监测

舆情监测需要兼顾线上线下两种舆情形态，及时发现舆情苗头，进行科学研判，并提出相应的解决方案。

线上舆情主要依托专业工具以关键词抓取的方式监控公司舆情、行业要闻等，日常情况软件监测、一般舆情专人搜索、重大舆情（重大事件）重点监测。

线下舆情由工作人员通过下乡、走访进行了解，对非理性群众拟采取的上访、群体集会、游行等活动信息提早进行收集。

② 舆情分级

对监测到的舆情按照可能产生不良后果的严重程度和舆情影响范围进行分级，并且明确对应的舆情应对启动、升级、降级和结束等行动。根据舆情影响范围和程度，将舆情从高到低分为一级舆情、二级舆情和三级舆情。

一级舆情：针对某一主题的新闻报道和负面评论总数量 24 小时内达到或预计达到 3000 及以上；针对某一主题的负面新闻报道出现在全国门户网站一级页面，首页新闻专题，地方网站大量转载；出现群体性事件；可能对核电项目产生重大影响。

二级舆情：针对某一主题的新闻报道和负面评论总数量 24 小时内达到或预计达到 1000 及以上；针对某一主题的负面新闻报道出现在全国门户网站二级页面，出现在行业、地方重点网站首页（含论坛置顶）；可能对核电项目造成较大影响。

三级舆情：针对某一主题的新闻报道和负面评论总数量 24 小时内达到或预计达到 100 及以上；针对某一主题的负面新闻报道出现在全国门户网站三、四级页面，出现在行业、地方重点网站；发生与核安全相关的舆论热点或社会热点问题；可能对核电项目产生一定影响。

③ 舆情报告

舆情信息报送遵循日常信息日报、突发舆情快报、重要舆情专报的原则。

舆情日报需报送每天收集到的敏感信息、项目相关舆情以及行业动态等；舆情快报需报送对项目产生重大负面影响，经研判，认为会进一步发酵的舆情信息；舆情专报报送对项目产生较大不良影响的、带有连续性的舆情信息。

④ 舆情应对

针对线上舆情，需要做好以下工作：

一级舆情事件：立即启动应急预案，研究相关信息后以舆情快报和舆情专报的形式进行报告，提出应对建议和口径，配合舆情相关单位（部门），通过邀请权威人士科学辟谣，刊登专题文章，召开新闻发布会、滚动发布澄清信息等方式开展舆情应对。同时启用专业人员对网络言论进行引导。

二级舆情事件：汇总相关信息后以舆情日报形式进行报告，提出应对建议，配合舆情相关单位（部门）准备应对口径，做好应对准备，跟踪监测事态发展。同时启用专业人员对网络言论进行引导。

三级舆情事件：以舆情日报形式进行报告，并持续跟踪监测舆情进展情况。同时启用专业人员对网络言论进行引导。

网络造谣、传谣的行为：要进行严格管控，情节严重的依法处理。

针对线下舆情，需做好以下工作：

强化信息报告工作，建立高效、灵敏的信息报告网络，形成完善的预警工作机制，对可能发生的群众非法聚集信息，进行全面分析评估，做到早发现、早报告、早控制、早处置。

接到群众非法聚集可能发生的信息后，有关部门要迅速调查核实情况，按规定上报信息，并根据职责权限启动应急预案，采取应急响应措施，进行科学疏导、劝解工作，尽最大可能避免群众集会事件发生。

群众非法聚集事件发生后，根据事件的规模和可能造成的影响，事发地政府及其部门要及时、有效地开展先期处置工作，控制事态发展。异地聚集的，群众来源地政府相关领导要到达现场开展疏导、劝解和接返工作。

对群众提出的要求，符合法律法规和政策规定的，当场表明解决问题的态度，提出解决方案，努力化解矛盾；无法当场明确表态解决的，承诺咨询有关职能部门限期研究解决；对群众提出的不合理要求，讲清道理，有针对性地开展法制宣传，引导和教育群众知法守法。

事件平息后，要认真做好善后处理工作。对承诺解决的问题，必须尽快兑现，进一步做好化解工作。深刻剖析引发事件的原因和责任，总结经验教训，制定整改措施，加强跟踪督查，防止事件反复。

5. 管理策略

针对不同类型的舆情应采取不同应对策略：

针对由于公众缺乏科学素养引发的“涉核舆情”，通过加强公众宣传和科普工作，消除公众疑虑。

针对公众参与不充分引发的“涉核舆情”，加强信息公开，扩大公众参与的广度和深度。

针对利益诉求引发的“涉核舆情”，通过加强与利益相关者的协商和沟通，尽力平衡各方利益诉求。

针对恶意策划的“涉核舆情”，必要时请公安、司法部门介入调查处理。

五、绿色钥匙：利益有偿

绿色钥匙：在书中指利益补偿，绿色代表丰富和生机。绿色钥匙寓意我们在核电的利益补偿中要突破，要有创造性和创新性。

1. 经济补偿：时机重要

经济补偿是另一种广泛使用的政策工具。谈起经济补偿，人们容易理解为货币补偿，实际上西方在使用方式上是多种多样的。除货币补偿外还包括替代物补偿；应急基金；物业价值的保障；效益的保证；慈善捐献等方式。这些方式针对不同的利益相关方而使用，例如，苍南核电，为了确保核设施周边附近的业主和土地所有者的房产和土地价值不受“邻避设施”的影响，建设人工鱼类孵化场“海洋牧场”，以弥补因电厂建设而对周边渔业生产造成的影响；企业预留应急资金以确保在意外事故发生时能够履行赔偿责任；保证受“邻避设施”影响的公众优先享有就业机会或优先在承包服务及材料供应上开展业务合作；赔偿包括一些与项目本身负面影响无关的支出，以维持企业良好的社会责任形象等等。

经济补偿的时机非常重要，不同时间的补偿表明了设施建设和运营企业的意图，也满足了接纳设施社区的不同需求。国内目前最普遍也是最常用的就是“征地拆迁补偿”，在厂址进行征地拆迁阶段，核设施往往会通过所在地政府实施征地拆迁款项的补偿，而补偿款的不公开、不透明、不到位，往往会引发所在地民众的反对，也为“邻避效应”埋下隐患，这在国内不少见，而标准统一、公开透明是解决问题的关键所在。

2. 利益补偿：度是关键

随着市场经济的发展，公众的平等意识、环保意识、产权意识和维权意识不断增强。“涉核项目”建设从客观来说对当地的公众、生态环境保护造成了一定的影响，那么理应得到相应的利益补偿甚至赔偿。利益联系是最直接最持久的关系，如果利益诉求不被理解，合法权益不能保障，就会增加公众对“涉核企业”的怨恨和不满，增加公众沟通的难度。为此，满足当地公众和政府的合理合法利益诉求，对其所承担的风险进行补偿，既是发达国家和地区的通行做法，也是我国核电发展多年实践证明的成功经验。

核电项目能否上马，不能只考虑国家利益、公共利益、地方政府利益，还必须要考虑周边居民等相关利益方的态度和利益诉求。建立完善的利益补偿和平衡机制，实现企业和地方融合发展，是防范化解“涉核项目邻避效应”和解决跨区沟通问题的重要手段。“涉核项目”周边公众对项目的支持程度与其利益受损情况和获得补偿的满意程度有关。公众获得满意补偿可以使“邻避效应”发生概率和危害程度将大大降低。如果“涉核项目”规划限制区跨越了省级行政区，跨行政区的政府和公众对自身权益的要求自然也会提出来了。

“涉核企业”、公众与当地政府是核电项目的三方利益主体，对核电建设有着不同的利益表达与诉求，在项目决策过程中，彼此的关注点也不同。一个核电项目建设的决策不仅基于核电建设单位依靠技术专家选择的最优化选址方案，还要考虑周边公众和政府相应利益诉求和参与。

建设单位作为核电项目的投资者和使用者，是项目建设的责任主体，也是项目运营的利益主体。核电企业必须按照国家法规规范要求，谨慎合理选择核电厂址，促进核能的开发与利用，在创造企业经济效益的同时，尽可能地创造社会效益，履行企业社会责任。比如：秦山核电，与所在地海盐县地方政府共同打造核电关联产业园，推动地方经济发展，促进当地居民就业，形成了“企地共荣”的典范。

公众在核电厂选址中的利益诉求的目的，是保护自身的现实利益不受到侵害，表达核电厂可能对自身及后代的健康与生命的危害，担忧核电厂意外事故对赖以生存的生态环境遭到破坏，防止自身的政治权利不被剥夺。公众有效参与核电厂选址的决策过程，通过沟通、协商、座谈以及科普宣传等形式，消除疑虑，利益诉求达成共识，解决矛盾，才是最大限度地保障公民的权益。如：国内各核电企业，每年都会邀请公众走进核电厂，保障公众的知情权、参与权，提升核能的公众接受度。

地方政府的利益诉求是通过核电项目的建设，带动地方经济发展，提高当地民众的生活水平，同时维护社会稳定，保护生态环境。如：海盐县通过秦山核电带来的税收，特别是教育附加税，把地方教育设施打造成了全国的样板，提高了当地居民的幸福感等。

从广义的角度看，核电项目建设对当地政府、公众和核电企业来说都是受益者，是利益共同体；但从狭义的角度看，企业、地方政府、公众三者的经济利益一定程度上是相互排斥的，地方和公众的利益倾斜多了，企业的利益自然就少了。寻找利益的平衡点，必须在公众、地方和企业对利益统筹安排的可接受的限度内，共同努力推动项目尽早开工建设，建成后保证核电厂全寿期安全平稳运行。因此，在核电前期阶段，确保项目尽快建设是三方的最大公约数，否则，三方利益共同体将会受损，公众利益得不到补偿，地方财政得不到补充，核电企业的投资不见效益。从平衡到平稳，度是关键。把握度，需要平衡，需要艺术。

六、蓝色钥匙：应急有效

蓝色钥匙：在书中指应急响应，蓝色代表控制与组织。蓝色钥匙寓意我们在核电的应急响应中要有底线思维，要能拥有事故状态下的掌控能力。

应急状态意味着危机失控，将有来自媒体和多方面的舆论压力。此时适用的方法应是，用知识、资源、影响力以及与事件相关者间的关系来控制局面；通过及时提供信息来增加所有事件利益相关者的确定性；使用舆情管理手段来抵制攻击；通过话语同盟、发言人及对话的方式来减少孤立；对于应对危机进行详细规划；确定所需要的人力、物力资源，与合作部门、机构通力合作。

1. 应急沟通准备，最为关键

做好应急沟通准备工作，有助于减轻危机带来的压力并保证决策的快速执行。一旦危机出现，沟通专家、政府官员及其他人员将在相当长的时间里不间断工作，因此需要提前做好演练。然而，提前制定的预案不可能考虑到所有的问题。在瞬息万变和不可预知的情况下，拥有敏捷的思维是非常重要的，因此要制定灵活的计划，以适应各种不同的、多变的情况。

“所有危机都是突如其来的”，行动必须迅速。多个部门间应快速达成一致，向公众发布最新消息，及时处置谣言和误导性信息。发布的信息必须是真实的、准确的、及时的且能够解除公众担忧的关键信息。此外，还需要时刻跟踪最新发展形势，要密切关注媒体动向，特别是新媒体，做好舆情管理，并在条件允许时，第一时间与事件相关者沟通。

2. 应急沟通措施，最为直接

（1）发出警告、建议和指令。

（2）确保公众有信心、有安全感。

（3）提供足够的信息，以便在应急情况下能自己做出决定。

实现这些的前提需要有权威的、一致的、及时的信息来源，需要重点关注以下几点：

（1）向公众和媒体提供的信息是足够的、最新的。

（2）政府、媒体及其他相关方得到的信息是一致的。

（3）相关的单位和人员应能及时了解到事实信息。

（4）通过权威媒体及时发布事实信息，对于谣言的处理要迅速有效。

3. 应急沟通人群，最为关注

分析并识别目标沟通人群十分重要，找出他们所关心的问题和其利益所在。进行目标人群分析，首先要明白利益相关者，可能包括：

（1）受害者。

（2）中央政府。

（3）地方部门。

（4）大众媒体（含自媒体）。

（5）社会公众。

（6）私营企业。

（7）国际利益相关者。

然后，找出相关者的利益点：

（1）他们有什么样的资源?

（2）他们会受到什么样的风险?

（3）他们关心的是什么?

（4）他们的利益诉求是什么?

（5）他们与其他人有什么关系?

（6）他们希望有哪些改变?

可以借助简单的双轴图进行分析研判，坐标轴分别标明“影响力”和“利益相关度”，个人或组织在多大程度上可以对事态产生影响，以及事情发生后他们会受到多大影响。图 2–6 设置如下，纵轴代表影响力大小，从没有影响到有特殊或重要影响，横轴代表利益相关度大小，从利益不相关到相关性很强。

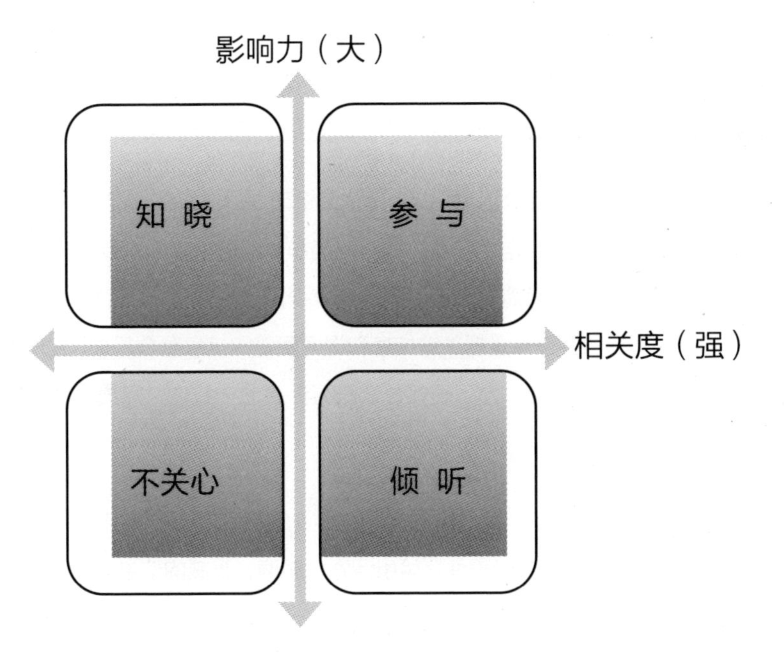

图 2-6　双轴图

确定每个利益相关者应该在图表的哪个位置，并设身处地为这些参与者和利益相关者考虑。考虑对他们真正重要的是什么，以及通常情况下他们有何种行为和反应。有效识别那些可能对议题或问题敏感的群体。如果方案的制定、介绍和执行过程中未能考虑他们的需求和关切，这些人会施加较大阻力。

利益相关者的位置会随着形势的发展而变化，例如，原本没有影响力的人群，可能会因为受到的影响大而逐渐成为更强大的群体。一般来说，应当关注的重点目标人群包括：

（1）危机应对的牵头部门，比如中央政府、应急部门、地方政府等。

（2）需要掌握信息以进行自我保护的群体。

（3）肩负向民众提供建议的群体（例如核安全专家）。

（4）需要在广泛报道前得到信息的群体（比如遇难者家属）。

（5）那些没直接参与但可能会受到影响的群体（例如在事故发生期间的游客）。

（6）所有受影响组织机构中的工作人员。

（7）重要的合作媒体。

（8）持负面态度的媒体。

4. 应急沟通方法，最为标准

创建良好的沟通机制，需要针对问题本身，提供简单而准确的解答。克服“信息多或听不懂”所带来的困难，站在公众的角度与之沟通。针对不同年龄段的受众，满足不同受众的需求，使用合适的信息传递渠道，运用简单而通俗的方式，少用或不用学术性的辞令和专业性的术语。明确公众沟通的需求首要任务是把关键信息和提问回答的信息整合起来，发送给相关方，例如应急服务机构，地方政府等。为了确保公众获得信息的一致性，需要及时更新并反复传播重要信息。

公众沟通信息应做到：

（1）对于已发生和可能发生的事件，给出清晰、明确、权威的信息。

（2）告知公众需要（或可以）采取什么措施来有效保护自己。

（3）保持信息简洁、通俗、准确。

（4）联合各方汇总信息，保持一致性。

（5）尊重公众的关切以及对信息的需求。

（6）坚持速报事实，避免猜测或猜疑。

（7）控制预期，对于回归常态或危机化解的预期过于乐观等心理，会事与愿违。

重大事件发生后的一小时，堪称“黄金一小时”。公众最关注的信息包括：事件的基本细节——发生了什么，在哪里发生的，什么时间发生的（如果可能的话，再加上“时间当事人是谁，为什么发生以及如何发生的”）；对健康和安全造成的影响；建议及指导（比如“待在室内，撤离准备”等）；以及稳定民心（如果必要的话）。

另外，公众还想知道，对于诸如交通、电力供应、通信及水供应等实际生活的影响，求助热线信息——邮件地址，为解决当前状况，相关部门正在采取哪些措施。

对于媒体来说，还需要掌握政府部门、应急机构、当地政府及其他组织间建立成熟的联络接洽机制，实时电话联络人，现场的媒体集结点，以便快速生成统一信息。

因此，需要做到以下几点：

（1）充足的储备、训练有素的员工及演练等信息。

（2）高质量的视觉资料——用图形、图片、地图和图表来解释复杂的问题。

（3）保持坦率和真诚永远是最好的沟通办法。

（4）言行之中透露出的感情是很重要的。与愤怒的民众沟通时，首先要做的就是表示出对其愤怒情绪的理解。如果只是通过提供冷冰冰的科学调查结果来处理重大事件，往往会加剧事态的严重性。

（5）信息发布者阐述事情的方式，将很大程度上影响公众内容的信任度。

（6）通过媒体或对媒体传达信息的速度是极其重要的，但前提是信息的真实准确的，被迫发布未经证实的消息往往会适得其反。

5. 应急媒体策略：最为吸睛

（1）为所有媒体提供足够的实时信息。

（2）举办新闻发布会。

（3）发布官方权威信息。

如果一个事件有重大意义，那么它会具有一定的国际影响，要准备好应对外国媒体的需求。此外，还应注意以下几点：

（1）善于利用公众所重视和信任的节目和记者来进行新闻播报。特别是地方电视节目，尤其喜欢用当地“名人”来做节目报道。

（2）通过电台、热线电话节目或访谈节目等方式直接与听众对话，而不通过记者或主持人（记者或主持人可能会淡化一些信息）。

（3）鼓励公众写信反馈他们的问题和关切，并安排专家直接回应（互动性的文章比一般文章更有吸引力）。

（4）提供视觉辅助，使用有力的图像信息，如图形、图片和图表来解释复杂的、陌生的概念，阐明特别引人注目的观点。

（5）保持专注。媒体会经常报道各种次要话题，当目前的主要话题没有什么新进展时，公众往往会去关注这些次级问题。

（6）保持准确和清晰。应密切监督媒体的表达，如果发现不准确或误导性信息，应立即处理。

（7）使用通俗易懂的语言，不要利用科学或技术术语加以掩盖。使用可靠、可信的数字，可以利用数字给出一些概念。如果出于保护受害者或其他法律原因而不能回答某个问题，应解释原因。

（8）避免做过于绝对的保证和承诺。当事件还未得到彻底控制时，不要声称情况已完全处于掌控之中；不要说一切将在三天内恢复正常。不要做出绝对安全的承诺。要从现实出发，实事求是。

（9）避免留下信息缺口。空缺总会被填补，填补的方式信息发布者未必愿意看到。

（10）避免向公众或媒体提供专业性过强或过于复杂的材料。发布科学或技术层面的信息时，必须使信息结构清晰、语言易懂，最好只提供基本原理、原则一类的专业知识。

（11）避免无视公众最关心的问题。保持与公众情绪的共鸣，了解公众的核心关注点。理解公众需求并让其看到所做的积极回应和应对措施；如果没有采取措施，应及时解释原因。

第四节　指南：公众沟通的实操手册

一、指南 1：接受媒体采访的诀窍

1. 评估采访要求：越详尽越好

当拿到一个采访要求时，回答以下这些问题将有助于你进行评估。具体包括：

（1）采访的主题和角度分别是什么?

（2）什么原因促使记者对这条新闻进行采访?

（3）新闻线索来自何处?

（4）将会以什么样的形式发表？是电视还是广播希望进行这个采访?

（5）谁是采访者?

（6）他们希望在什么时间，什么地点进行采访?

（7）记者对采访要求的时间是多长?

（8）新闻的截止日期是什么时候?

（9）这个采访将于什么时候出版或是播出?

（10）这是什么类型的新闻?事件新闻，人物专访，特写还是问答形式的新闻?

（11）在这个新闻事件中是否还有别人也接受了采访?

（12）这个媒体以及采访的记者本人分别有什么特色?

这有助于了解以下内容：

（1）媒体本身是否对于该新闻事件已经有了自己明确的观念。

（2）记者对于事件到底了解多少?

（3）如果媒体或记者在过去已经对事件进行过了解甚至曾经报道过，就要查看一下以往该媒体的报道内容。

（4）采访的记者是友好还是敌对的?

（5）媒体的受众群体是什么样的人?

对于广播或是电视采访，还需要另外弄清楚这样一些问题：

（1）是现场直播的形式吗?

（2）采访在演播室进行?还是通过电话采访?在办公室进行，还是其他地方?

（3）是否通过远程控制，被访者不需要出席现场，而是由记者在另一个地方通过卫星传送设备对被访者进行提问?

（4）采访是否不经剪辑直接播出?还是剪辑后播出?

（5）节目是否包括观众打进的电话或是发来的电子邮件?是否安排即时在线观众参与到采访中来?

（6）节目持续多长时间?

（7）节目的形态是什么样的?是一小组人座谈的形式?还是一对一的采访?或是两位采访者和一位嘉宾?抑或是两位嘉宾辩论的形式?

（8）如果节目还邀请其他的嘉宾，那么嘉宾发言的顺序是什么样的?

（9）采访现场是否有观众？这些观众是如何挑选的?

（10）是否会运用一些视频材料?

（11）是否会有电影剪辑和录像资料插入节目当中？如果有，是否有机会可以提前观看，以便准备相关的评论和回答。

对于纸媒体的采访，我们必须另外弄清这样一些问题：

（1）出版物的哪个版块刊登采访的文章?

（2）记者是否会带上摄影记者进行拍照?

（3）照片是在采访前，还是在采访中或是采访后拍摄?

2. 采访前的准备：越细致越好

对于任何采访，你都需要在采访前确立一套基本底线和规则。例如是否可以对你的谈话进行录音，你说的话是否可以原原本本出现在媒体上，采访是直播还是录播，以及采访需要多长时间等等。不要寄希望于采访进行中或事后才去制定规则，那样就太晚了。

如果记者要求采访的时间长度为半小时，你可以限制为更短的时间。如果对方想进行远程遥控式的采访，你可以要求记者亲自来采访，因为如果有可能，亲自采访总是比遥控式采访要好。亲自面对面的采访总是让人觉得亲切，而且使被访者比较善谈。你可以看到对方的体态语言，而且，你不必佩戴耳机。如果耳机中途滑落或是信号不好会对采访效果造成影响。

一旦对方同意采访，接受采访的人在采访中只需强调三个方面的内容，这是非常重要的规则。这样可以促使整个采访始终围绕中心在进行。谈论的内容多于三点对于观众来讲都是属于过度分散，而使他们无法抓住信息的重点。

采访前，三点核心内容必须要做好准备：

（1）你所在机构想要强调的三点内容分别是什么?

（2）对于其中的每一点，搜集并记录下支持此观点的背景资料，例如事例、故事和一些佚事等。这些东西能帮助读者、听众和观众更好地理解你的观点。例如，如果其中一点是关于倡导一项新的经济政策，那么，就可以搜集当前政策需要改变的原因，这些改变意味着什么，以及公众生活将受到怎样的影响等信息。

（3）写下你认为采访中将会被问到的问题以及你认为合适的回答。另外，在三点主要内容的基础之上，还需要准备更多的话题，因为，记者通常会从一些既定的问题转移到其他问题上。

思考已经拟定的三点重要主题，这样有助于你想出更多可能被问到的问题。

在构思问题和答案时，须考虑这些问题：

（1）可能被问到的最有争议的问题是什么？回答中最敏感的话题是什么？

（2）最难回答的问题是什么？为什么难以回答？

（3）可以想出一句很妙的引语，或是"Sound Bite"加以运用，以使你的发言更加生动。"Sound Bite" 就是插入电视新闻节目当中的一个和内容有关的录像片段。多指对某个重大事件发表的简短精练的讲话。它通常看似现场的临时发挥，但其实多数情况下都是事先准备好的，特别是在电视或是广播节目中，这些片段会被不断地重复。

（4）除了记者的录音外，自己是否也应留有采访录音备份？录音是事后校验自己在采访中言论的一种好方法，同时也可以提供给没有听到采访的其他重要官员。

对于可能提问的回答进行训练。

（1）在采访前对于热点问题的信息进行快速及时的修正和更新。在采访前帮助领导快速了解信息的人，通常是新闻秘书。他 / 她应该对发言人需要的信息进行更新和修正直到采访前的一分钟。千万不要让官员在采访中被问到出其不意的问题。

（2）在采访前给记者提供一些有助于了解你的材料，例如个人资料、事实资料页、文章、图片或是相关报道。

（3）不要介意向记者建议一些问题或是话题来进行提问。

3. 采访期间的注意事项

将采访控制在你的手中。即使可能与你的设想有些许的出入，你仍然可以完全控制整个采访过程。虽然你是被采访者，但不代表你不能对你所说的话进行控制。记住：没有不好的问题，只有不好的回答。

采访期间要做如下事情：

（1）采访前制定基本的规则。

（2）一定要简洁。尽量用简短、清楚和叙述性的句子。

（3）使用 Sound Bite。

（4）始终围绕要传达的意思，不断重复三个重点，将所有的回答都最终与之联系起来。

（5）先将你的结论和可供记者引用的句子进行陈述，使你要讲的重点被众人了解，然后再用大量事实进行论证。

（6）使用明确的、描述性的、形象的话语让人们理解。人们总是容易记住那些影响了他们、激励了他们的东西，还有他人的经验。

（7）列出证据，例如事实、数据、事例、轶事、引语和故事。

（8）不要觉得有些事实是不言而喻的，要对你的回答进行清楚而简洁的解释。

（9）保持提供正面的信息。如果被问到一个负面的问题，迅速回到你先前的三个重点。

（10）对任何错误信息都要迅速澄清。

（11）永远别透露一些你不希望被媒体登载或播报的信息。

（12）避免做出任何让编辑或记者可以断章取义或是曲解的言论。他们这时通常只选取你谈话的一部分，不管前后内容连贯而进行引用。

（13）永远不要说“无可奉告”。

（14）把所有的内容表述清楚。不要让媒体有机会对你的说法进行解释，因为他们有可能误会你的意思。

（15）总是说实话。如果对某个问题的答案不清楚，就照实说。事后再找提问的记者给出确认之后的答案。

（16）紧绕中心，使用过渡性的短语或词句回到你所要强调的三个重点上来。

采访中常用的过渡句式：

（1）“实际上事件是这样……”。

（2）“我补充一下……”。

（3）“特别值得强调的是……”。

（4）“特别不容忽视的是……”。

（5）“更重要的是……” 。

（6）“最值得记录的重点是……”。

（7）“关于这类问题，我经常被问及的另一个问题是……”。

（8）“这与一件更大的事件相联……” 。

（9）“是的，而且除此以外……” 。

（10）“不对，容许我澄清一下……” 。

（11）“在所有事实还未完全清楚的时候，谈论这个问题有点为时过早。但是，我可以告诉你……” 。

（12）“我对此不太确定，但我可以肯定的是……”。

（13）“让我们从这个角度来看……” 。

（14）“这让我想起……” 。

（15）“很高兴你能问这个问题。不少人有类似的误解，但真相是……” 。

4. 有效的电视出镜

如果采访是面对面进行的，那么要保持直视采访者而不是摄像机镜头。如果采访是远程进行的，采访者在别处，就要对着镜头，这时镜头就变成了你谈话的对象。

（1）保持热情和精力充沛，因为电视总是将人变得平面而乏味。

（2）穿纯色和浅色的衣服，但最好不是纯白或纯黑。中间色是最理想的。不要穿褐色、格子花呢、有条纹、过分花哨或颜色刺眼的衣服。不要穿那些俗气的、鲜艳而且质地反光的衣服。对于女性而言，不要在衣服上佩戴太多饰物，例如，戴过分炫耀的耳环就会将人们的注意力从你要表达的意思上转移开。对男性来讲，不要穿比领带颜色更深的衬衣。

（3）端坐面向前方，对着镜头。

（4）自然地运用手势，这样既不会让你显得呆板，也不会让你显得不安。

（5）不要运用一些对于普通公众来说不熟悉的商业或科技术语，或是一些缩略语。

（6）如果在谈话中，你想澄清某一个问题或补充一些信息，可以直接在谈话中提起，并不需要等主持人许可才说。但是，不能表现得过于无礼。

（7）避免运用太多的数字，这会使观众觉得无聊而转台。当你必须运用数字时，可以使用大概的数量，以便能更好地被理解。

然而，现实中往往没有那么多时间让你做如此多的准备，因为当发生了突发事件或者演变成为危机，再和媒体联系并接受采访就往往来不及了。这就需要我们平时就致力于以科学的、持续的方式保持与媒体的和谐互动关系。当然以上的内容对于危机中接受采访同样十分有益。

二、指南 2：组织新闻发布会的核心

1. 突发危机事件的新闻发布

随着现代传媒的发展，突发危机事件的报道产生的影响越来越大。各种灾难、事故、知名企业丑闻等突发危机事件的报道往往充斥报纸头版或电视头条。做好新闻发布工作是处理突发危机事件极为重要的环节之一。

（1）新闻处置原则

① 及时原则。在突发危机事件发生的第一时间向公众和媒体公布有关事件的基本事实。

② 准确原则。介绍真实情况，并对社会和公众负责。

③ 人本原则。在突发危机事件的新闻发布中总是将公众的利益放在第一位。

④ 滚动原则。随着时间的发展和调查的深入，事实的"碎片"不断地让整个事件清晰起来。

在这个过程中不断地要有信息发布，报告事件的最新发展状况和调查得到的最新事实。

⑤ 统一原则。要求整个事件处理部门都是由统一的出口发布消息，保证消息的权威性和有效性。

（2）新闻发布操作程序

① 确定媒体沟通目标以及发布口径、形式。

② 指定新闻发言人，并保证发言人能够参与到事件处理的决策当中。

③ 召开新闻发布会，第一时间发出声音。

④ 成立新闻中心，为记者采访提供服务。

⑤ 滚动发布新闻，报告最新进展。

⑥ 舆情跟踪研判，调整发布策略。

（3）特殊要求

① 现场发布信息的方式更令人信服。

② 走出“负面新闻发布难”的思维方式，以此为契机展示企业正面形象。

③ 主动提供采访线索和服务，引导舆论走向。

2. 新闻发布会的策划

新闻发布会的策划是指新闻发布活动要考虑和安排好“谁说——什么时间说——在哪里说——给谁说——说什么——说多少——怎样说”这七个环节。

（1）确定发布主题

① 新闻发布主题要切合三个“点”，即“你所在机构要说的、媒体关注的、公众关心的”。

② 新闻发布主题要有新闻性。

③ 精心包装核心信息以增强传播效果。

（2）确定发布人

① 新闻发布人通常情况下是本单位的新闻发言人或是最了解新闻事实的决策参与者。

② 新闻发布台上人数要少，尽量不要超过四人，一人为主，其他人作补充回答。

③ 新闻发布台原则上不设列席席位和“陪座”。

（3）选择发布时机

① 时机选择遵循权威性和时效性原则。

② 某些情况下需要考虑媒体的发稿时限。

③ 避免其他重大新闻淹没所发布的新闻。

（4）选择发布地点

① 通常新闻发布会在专用的新闻发布厅举行，也可用会议室临时改装。

② 现场发布极具新闻性，有极强的吸引力和感染力。

（5）确定发布受众

① 根据发布内容确定传播目的和范围。

② 根据新闻发布的目的，可以选择覆盖不同地区和人群的媒体。

（6）选择表达形式

① 要使用有“数”和有“料”的语言。前者，强调发布要有口径、有底线、要准确，且简洁生动；后者，强调发布要有新闻性信息量大，避免呆板单调的空话套话。

② 根据媒体的特点，运用多种“说”的手段，例如图片、图表、视频的有应用，最大限度传播要“说”的内容。

③ 图片、图表、视频的应用能让信息发布更直观有效，多数媒体也非常愿意接受和引用所提供的资料。

3. 新闻发布会的组织

组织召开一场新闻发布会涉及到舆情分析、材料准备、会务准备、发布主持、效果评估等诸多环节。这些环节都充满了挑战性且具有很强的专业性。

（1）舆情分析

① 准确的舆情分析可以帮助判断媒体会问什么问题。

② 通常可以从横向和纵向的角度来进行舆情分析。

③ 结合收集的舆情，组织一次内部讨论会。

④ 在舆情分析和内部讨论的基础上，撰写出问题单。

⑤ “刁钻、尖锐”的问题要充分地分析，巧妙回答最能体现专业水平。

（2）材料准备

① 媒体方材料主要有：事实资料、背景资料、音像图片资料等。

② 发布方材料主要有：新闻口径、新闻通稿、发布要点提示等。

（3）媒体组织与现场安排

① 平时留心搜集整理记者联络方式，制成表格，方便联系。

② 发布厅布置的每一个细节都要精心检查和安排。

③ 发布会前一天确认各种设备处于正常工作状态。

④ 主动与记者接触，了解记者的问题并及时反馈给新闻发言人和主持人。

⑤ 联系翻译（如需要）、速录、摄像等人员并确认到场。

⑥ 会场各岗位工作人员提前一小时到场，再次检查设备并向现场负责人报告设备情况。

（4）发布会主持

① 主持人要使用简洁、直接、明了的语言。

② 主持人要避免喧宾夺主。

③ 主持人一般应介入发布会的策划和筹备。

④ 主持人负责把控发布现场和整个发布会的走向。

⑤ 主持人与发言人要紧密配合。

（5）会前会中注意事项

① 组织人员与工作人员提前到场确认会场设备、设施及会场布置无误。

② 保证到场记者的查检、引导和统计工作。

③ 维护现场秩序，及时处置意外情况。

④ 需要时，要安排人员充当“突围”先锋。

（6）报道收集及评估

① 媒体报道多，不一定是好事；媒体报道少，就一定不是好事。

② 采用第三方研究机构提供的报道分析有助于客观地评估效果。

三、指南 3：核应急公众沟通的要点

1. 公众沟通人员在应急情况下的行动

（1）必须在事故总指挥的统一领导下开展工作。

（2）随时与事故总指挥的保持信息的沟通与一致。

（3）能针对放射危害及紧急情况的响应持续提供行动建议。

（4）确保为为公众提供的信息是及时、真实、有效的。

（5）为应对媒体关注特别是记者的现场采访做好准备。

（6）与各方确认您是媒体联络和信息发布的唯一出入口。

（7）编写并发布新闻通稿，重点介绍：

① 事实。

② 态度。

③ 建议的响应行动。

④ 为确保公众和财产安全而采取的措施。

⑤ 原因需谨慎说明。

（8）建立媒体中心，根据需要召开新闻发布会。

（9）评估响应需求并要求提供必要的资源。

（10）应对国际机构、组织的问询。

（11）舆情收集并及时处置。

2. 公众沟通的准备工作

应提前建立公众沟通预案，制订工作程序，做好相关准备工作。

（1）遵循国家、地方政府的公众沟通方案、计划和相关程序的要求。

（2）编制并及时更新应急响应工作人员的通讯录。

（3）落实启动应急响应所需的技术和保障条件。

（4）确保通稿发布、新闻发布、行动措施等的渠道畅通。

（5）持续监测国、内外媒体动态。

（6）确保工作人员都得到必要的媒介素养培训。

（7）确保新闻发言人的训练有素。

（8）起草并持续更新新闻口径库。

（9）准备新闻通稿、新闻发布要点等模板。

（10）确保公众咨询电话接线人员到位和畅通。

（11）必要时，需要确保翻译人员和翻译能力。

（12）必要时，建立专门的媒体中心。

3. 建立并更新应急沟通的通讯录

（1）全体工作人名单通讯录，包括家庭电话和手机号码及地址。

（2）媒体的通讯录（含主流媒体、网络媒体、新媒体、自媒体）。

（3）其他外部应急沟通联络人员的通讯录。

（4）后勤保障和技术支持人员的通讯录。

4. 应急培训和操作演练

在核辐射应急情况下，公众如果事先了解情况，就更容易理解官方所发布的信息，这将有助于核应急处置与响应工作的开展。

因此，应制订专门的应急培训和演练计划，使得在辐射应急情况，能够做好准备并快速响应，每年应组织公众沟通人员的应急培训，还应组织非核设施人员和新闻媒体的响应培训。

（1）公众沟通人员的培训

公众沟通人员培训的总体目标是：为沟通活动培养合格的人员。培训应与其个人承担的应急响应任务相匹配。

应根据需要，向新的工作人员提供辐射应急沟通的初步培训，公众沟通人员原则上每年应至少培训一次。培训可包括课堂教学和实践演练，相关内容可包括但不限于以下内容：

① 辐射应急沟通计划或程序的变更。

② 核设施（核电厂）应急计划或程序的变更。

③ 人员变动和任务（电厂、监管机构、厂外、其他）。

④ 设施和设备的变动。

⑤ 以往培训演练中汲取的经验教训。

⑥ 从其他电厂的应急响应中汲取的经验教训。

⑦ 从其他行业的应急响应中汲取的经验教训。

一年一度的培训还应包括参加训练或演习。有必要进行有针对性的岗位培训，包括课堂演示、桌面推演、设施训练或设备培训。还可以为以下人员提供特定的培训：

①新闻发言人。

②电话 / 热线电话的接线人员。

③负责媒体沟通的人员。

④新闻通稿的撰写人员。

（2）应急演练或演习

根据核设施的应急响应计划，公众沟通人员应参加演练或演习。包括：

①公众沟通人员加入应急预案的制订。

②将公众沟通目标纳入到电厂演练或演习之中。

③将可能引发公众沟通活动和舆情信息的场景纳入演习计划。

④做好训练、演习的监督和评价。

⑤与厂外响应机构做好协调与配合。

公众沟通人员每年至少应参加一次演练，应让尽可能多的成员有机会参加。

（3）媒介素养培训

为了确保发言人和技术专家们做好适当准备，培训应考虑以下要素：

①采访准备。

②编写新闻通稿。

③广播、电视、新媒体采访培训。

④危机沟通的基本概念。

5. 发言人的选择和采访准则

在应急期间，只有经过授权的人才能对媒体发，而且要确保所有采访准备都在事故 / 事件总指挥的指挥下完成。新闻发言人是在公众沟通、技术支持和媒体关系等专家们的支持下指定的对媒体发言的人员。专家们需要协调各方信息和反应，以确保不要出现相互冲突或相互矛盾的信息。公众沟通、技术支持和媒体关系专家应提供支持和指导，为新闻发言人准备具体的采访或新闻发布会提供帮助。

新闻发言人的选择主要基于三个因素：技术知识、权力级别和沟通技能。为了令人信服，新闻发言人建议是有关领域的专家，其职务级别与其将谈论的问题应该相匹配。在应急情况下，发言人往往是参与响应管理的高级别人员。发言人还必须是一个良好的沟通人员，能对公众关切问题有敏感的认同，并能对科学和技术的信息进行通俗、简化的处理。发言人应与公众沟通人员充分合作，以适当的简明语言说明和逻辑推理来解释相关技术问题。

（1）与媒体交流时，发言人应当

① 坦诚。

② 自信。

③ 简洁。

④ 敏感。

⑤ 有人情味。

⑥ 语言通俗。

⑦ 态度积极。

⑧ 彬彬有礼。

⑨ 活力十足。

⑩ 坚定真诚。

（2）当记者来电时，应重点询问

① 记者的来头？是现场直播还是节目录制？

② 除你之外，还有谁会接受采访？

③ 有多长时间来回答问题？（例如，每次回答用时 30 秒）。

④ 采访将在何时、什么媒体播出或发表？

⑤ 您不必回答所有问题，关注自己所要表达的口径。

⑥ 回答问题请提供核心信息，避免节外生枝。

⑦ 您有权说“不”，但记者可能会把这个行为传播出去。

⑧ 注意记者来电的同时，已经开始录音。

⑨ 同时采访应当是向公众提供重要信息的机会。

（3）采访期间

① 简洁、明确、简单（如每次陈述三句话、五行字、30 秒）。

② 充满自信。

③ 真实。如果您不能回答问题，给出不能回答的理由，或者指出该向谁提出这个问题。

④ 不管具体被问及什么，答案始终要有你的核心口径信息。

⑤ 不要推理、假设、猜想或推测。

⑥ 只谈自己口径内的事情。

⑦ 只回答有关应急问题，不作任何一般性陈述。

⑧ 切勿使用：“无可奉告。”

⑨ 保持冷静，避免任何激烈交流。

（4）电视采访前

① 开始前，尝试跟记者交流，建立一些个人关系，寻找共同点。

② 请记者告诉您要问的问题——逐字逐句。

③ 在摄像头前回答问题不建议超过三个。

④ 准备问题切忌长篇大论。

⑤ 接受采访前，务必准备好答案与口径，并得到授权。

⑥ 时刻牢记要表达的核心口径信息。

⑦ 要关注采访的环境、背景、着装等，这些都可能传递信息。

（5）电视采访中

① 回答问题要紧扣要点或核心信息。

② 回答尽量简短（三句话、五行字、30 秒）。

③ 不要简单地回答“是”或“否”。要解释和阐明信息。

④ 不要将双臂交叉于胸前。

⑤ 在应急期间，采访建议是站着，而不要坐着。

⑥ 表现要自然。

⑦ 明确回答问题。

⑧ 如果是录制采访，您可以随时要求重复问题。

⑨ 请记住，摄像头或麦克风在采访前后都可能开着。

（6）在应急情况下，媒体会问什么问题

如时间来得及，请提前准备好以下问题的口径：

① 对应急情况做出说明

发生应急的原因（需谨慎）。

应急情况发生的时间。

应急的范围。

任何释放、泄露、爆炸的程度。

辐射水平和所释放的有害物质。

描述气味或火焰的颜色。

尝试救援或逃生的措施。

结构、系统、设备是否完好。

厂址范围内其他单位的状况。

供电的影响。

普遍的影响。

初步或暂定的《国际核事件分级表》级别（需谨慎）。

下一步有什么行动措施。

② 响应的措施

如何发现应急情况的。

谁拉响警报并求救的?

各单位对应急情况的响应如何?

期望各单位做出怎样的响应?

预警；应急情况的先兆。

应急情况发生时核设施的状况。

核设施及响应的当前状况。

参与者、目击者的采访。

关键响应人员（运行人员、消防员、警察）和公司高层管理人员的采访。

专家的采访。

③ 财产 / 设备损坏

损坏情况描述——各种建筑、厂房、设备等。

损失的价值估计。

损坏的影响（持续安全运行或关闭电厂）。

其他受到威胁的财产或建筑物。

以前涉及该设施或场址的应急情况。

④ 伤亡

死亡、受伤、失踪人数。

受伤的性质。

护理伤员的情况。

伤员是否受到污染。

伤员在哪里得到治疗、去污。

所有死者、伤员的岗位描述。

撤离该如何完成的。

⑤ 救援工作

现场疏散人数。

参与救援和救济的人数。

所用的设备。

问题处理的障碍。

如何阻止问题升级的。

典型的人物行为。

厂外机构的响应能力。

⑥ 公众防护和健康影响

公众会受到影响吗?

已经采取了什么防护行动?

防护行动决定的依据是什么?

由谁决定公众应采取什么行动? 行动的依据是什么?

会不会有辐射引起的疾病?

照射术语的定义。

安全是如何通过时间、距离、屏蔽得到保障的。

掩蔽设施指什么?

疏散指什么?

为何要掩蔽?

这些措施可能会持续多久?

决策者是如何了解电厂状况的?

在应急前和应急期间用什么方法来告知公众?

沟通人员还应准备好有关应急情况下的法律和财务影响的问题。回答这些问题，需要精心准备，因为沟通人员无准备的言论可能会产生严重的法律和财务影响，引发次生舆情危机。

6. 编写新闻通稿

新闻通稿应牢记风险沟通的原则，需要提前准备好模板，以便在应急情况下能及时编写和发布信息。信息应为确凿的事实，因为公众希望得到的是权威、可靠的事实。

对于书面信息，内容（应急性质、危险声明、后果说明等）和形式（易懂、简洁、事实确凿等）都很关键。书面信息一般应包含：

（1）放射性核素所涉辐射的类型，以及人们可能受到照射的途径。

（2）辐射剂量以及与其他辐射源剂量相比情况，如天然本底辐射或医疗实践。

（3）解释所受剂量可能对健康的影响。

（4）介绍人们如何能减少辐射剂量，比如掩蔽就是一个主要的例子。

（5）明确哪些区域的人口可能会受到影响，哪些区域的人不会受到影响。

（6）提供一致、简洁和明确的建议。长期应急情况下的定期发布有助于人们应对影响。

（7）提供有关防护的可靠信息和明确建议。

此外，口头讯息应当：

（1）简单易懂（避免使用行话和复杂术语）。

（2）简明扼要、清楚明白（三条关键讯息）。

（3）告知存在的威胁和必要的行动。

（4）真实地提供事实，不作推测。

（5）不过度承诺做不到的事情。

（6）不推卸责任，不责备他人。

（7）有些信息不可提供时，解释原因。

辐射应急情况下，应重点关于以下问题并准备好口径：

（1）辐射是从哪里传播出来的（比如通过烟缕、风、空气和水）？

（2）辐射是通过哪些途径来传播的（比如自然过程、人、动物、车辆）？

（3）辐射能传播的距离有多远?

（4）辐射会污染水或影响食品供应吗?

（5）污染会持续多长时间?

（6）辐射水平是如何测定的?

（7）如何监测辐射剂量的水平?

（8）辐射照射的主要症状是什么?

（9）个人如何判断自己是否已被污染呢?

（10）个人应该如何保护自己不受污染?

（11）污染的短期和长期影响是什么?

（12）病人和伤员是如何治疗的?

（13）其他人受到交叉污染的可能性有多大?

（14）如何获得有关应急情况的更多信息?

在应急情况下，背景信息可酌情通过媒体、网站、电话热线、资料分发等予以发布。

7. 不同类型应急情况下的公众交流

（1）事故引发的非计划释放

提供公众的信息应主要为确凿的事实，因为公众希望得到是权威和可靠的事实。在意外释放的情况下，应重点考虑发布如下信息：

放射性核素和应急情况所涉及的辐射类型。

人们可能受到辐射照射的途径，以们该如何保护自己。

辐射剂量以及与其他辐射源剂量相比情况，如天然本底辐射或医疗实践。

辐射剂量可能产生的健康影响，以及要注意的症状。

介绍如何能减少辐射剂量，比如室内掩蔽。

明确哪些区域的人口可能会受到影响，哪些区域的人不会受到影响。

明确食品、水的限制，并解释原因。

明确旅行或交通的限制，并解释原因。

提供一致、简洁和明确的建议。长期应急情况下的定期发布有助于人们应对影响。

谨慎地选择信息的发言人。

清晰说明公众需要采取的防护建议，包括掩蔽、疏散和服用碘片（如适用）。

明确有关释放的情况，有助于公众更容易理解预防措施的必要性。

明确针对儿童的预防措施讯息。应急期间孩子更会受到关注。

用简单明了的语言解释辐射照射的风险，包括紧急风险和长期风险。

明确解释人们在何时应前往应急响应中心，以便有效实施全面检查计划。

（2）丢失放射源

丢失放射源有可能引起个人照射和（或）污染，这种情况下，应与公众就下列问题进行清楚、及时地交流。

放射源所涉辐射类型。

人们可能受到辐射照射的途径。

明确解释人们在何时应前往应急响应中心，以便有效实施全面检查计划。

辐射剂量以及与其他辐射源剂量相比情况，如天然本底辐射或医疗实践。

所受剂量可能对健康的影响。

人们减少辐射剂量的方法和建议。

用简明语言清楚解释辐射照射的风险，包括紧急风险和长期风险。

在制订监测计划时，要考虑到焦虑情绪加剧的情况。

有人会认为自己或家庭受到辐射而实际并未受到辐射的一些人很可能会寻求检查。相反，也有一些人会出于多种原因而拒绝到检查中心，包括害怕受到他人污染。

（3）个人或团伙的蓄意破坏行为导致的释放

个人或团伙蓄意破坏导致放射性物质释放的应急情况。由于涉及安保问题，应与官方达成协议。这种情况下应采取以下步骤，清楚、及时地进行交流。

放射性核素和应急情况所涉辐射类型。

人们可能受到辐射照射的途径。

明确哪些区域的人口可能会受到影响，哪些区域的人不会受到影响。

明确食品、水的限制，并解释原因。

明确旅行或交通的限制，并解释原因。

明确解释人们在何时应前往应急响应中心，以便有效实施全面检查计划。

辐射剂量以及与其他辐射源剂量相比情况，如天然本底辐射或医疗实践。

所受剂量可能对健康的影响。

用简明语言清楚解释辐射照射的风险，包括紧急风险和长期风险。

在制订监测计划时，要考虑到焦虑情绪加剧的情况。

有人会认为自己或家庭受到辐射而实际并未受到辐射的一些人很可能会寻求检查。相反，也有一些人会出于多种原因而拒绝到检查中心，包括害怕受到他人污染。

对于这种应急情况会有特殊原因，造成相关信息不便公开。发言人需要知道什么可以说，什么不能说。在不妨碍事件调查的前提情况下，须提前商定与公众进行交流的内容。

在遭受恐怖袭击的情况下，人们往往会寻找信息，希望联系和保护自己的家庭，确保他们能获得基本的保障。针对这种应急情况下的沟通需要解决这些问题。

公众希望了解任何蓄意行为的当前状况、规模以及是否确定或抓获肇事者。研究表明，如果公众了解了应急情况以及如何应对的形势，则可以减少相应的恐惧。

第三章 案例篇

引以为鉴：“传播＋危机＋事件”一网打尽

第一节 引人共鸣的核电故事

防城港核电

一、口碑爆棚的“张英森”

雄安新区是具有全国意义的新区，集中承接北京非首都功能疏解，致力于打造新时代高质量发展的全国样板！

雄安新区自2017年4月1日划定以来，网络段子不胜枚举。作为“2017年最悲催网红”，一位叫“张英森”的雄县籍清华毕业生彻底火了。

该故事的内容是这样的：

2017悲催人物排行榜冠军：张英森，男，河北省保定市雄县人，2004年以677分考入清华大学，成为全县高考状元。2008年本科毕业到中核集团就职。奋斗十年后，借了三舅的钱，卖掉了雄县老家200平米的住宅，终于在2017年3月26日交付了北京53平米的商住房的首付，在北京扎根了！最后在2017年4月2日接到单位通知：中核集团整体迁入雄安新区。

看完这则故事，是不是让人觉得很无厘头，替这位名叫张英森的人感到无奈，但是……事实真是如此吗？

1. 张英森背后的“千年大计”

2017年4月1日，中央发布重磅决策——中共中央、国务院决定在河北雄县设立国家级新区。消息一出，“雄安新区”迅速成为2017年最显眼的网络热词。雄安新区的设立，中央的表态是“重大的、历史性、战略选择”“是千年大计，国家大事”，而在此前，中央对“一带一路”的表述也仅是“重大战略决策”。这意味着雄安的未来将面临巨大的机遇和改变。

坊间流传着“首都市民闻风而动，昨天一早就把到保定的车票买光了”的消息——无论火车票脱销的消息是真是假，但都从侧面印证了雄安新区火爆的影响力；消息宣布后的第一个交易日，在金融市场上，雄安新区概念股气势如虹，受人热捧；《每日经济新闻》的官微甚至用“雄安新区又一个春天的故事”为话题，描述了全国振奋的情绪。而雄安地区周边房价暴风式的飙升更让人惊诧：保定东站附近楼盘涨到1万8千元每平米，而此前，这些楼盘的价格仅仅为3千元/平米。当地人表示，以前这些楼盘都没人问无人买，新区建设消息出来后，看房人着实一波接一波儿，人气极旺。

相比之下，张英森其人的遭遇就更令人哭笑不得：不但工作单位要迁到老家，而且卖掉的房子已经远远超过了他卖房时的市值。不得不说，即使是高考状元、清华毕业、央企员工、这依然令人啼笑皆非。

尽管张英森段子的主体内容是买房，但段子中张英森的个人信息却意外和他“悲催”的买房经历一起走红。雄县状元和清华大学已经成为张英森的个人历史，然而，中核集团却是张英森的现在。对于中核集团，张英森走红热点的制造无疑是一次自我表达的绝佳机会。

2. 这是一场勇敢的自我挑战

张英森走红网络，成为社会热点，是自我表达的挑战，也暗含潜在的危险。

首先，不论张英森是否确有其人，这条段子里的隐含意义和情绪并不完全是积极的：房价历来是网络热门话题，围绕这一话题展开的讨论最多、被网友吐槽最多的——“买不起”和“涨太快”。而张英森这样的经历，如果在企业自我表达的过程中运用失当，很容易让舆论演化成诸如“即使在中核集团这样国家级的单位工作，依然买不起房”之类的调侃。虽然类似调侃无法造成实质性的影响，但站在中核集团的角度，也会造成企业待遇不佳的负面印象。

其次，网络热点转瞬即逝，并不是每个依托热点话题的自我表达都能起到好的效果。网友对宣传的种种“套路”已经非常熟悉，“简单粗暴”的“贴热点”不仅容易引发网友的反感，也难以形成有效互动，拉长积极沟通的持续时间。很显然，中核集团的产品不面向普通网友，工作的高科技含量和高复杂性又带来了一定程度的沟通壁垒，简单而短期的自我宣传显然无法达到寻求公众认同理解，打造企业良好形象的目的。因此，在操作层面上，这一波热点该如何利用，也是一个挑战。

最后，在话语体系上，这次利用热点的宣传也存在着挑战。由于张英森段子在流传时所夹带的集体情绪并不算完全的正面，因此，在利用热点有目的的自我宣传就意味着需要高度贴合网友心理，使用共同的话题体系来表达自己，消除中核集团作为排名第一的中央企业在面对普通公众时天然具备的强势地位和距离感。不仅如此，在选择共同话语体系自我宣传时，如何避免现在被网友普遍反感的“刻意宣传腔”，也是一个颇有难度的问题。

3. 自我表达机会，主动争取

中核集团很会表达自己，展现自己，为自己做品牌传播。

首先，这条段子里所含有的微妙情绪——正负能量同时存在。这意味着，网友集体情绪调动的难度较低，把握导向即可。虽然站在国家视角看，它针对的是中国房价，但站在中核集团的角度，即便张英森的房子只有 53 平米，但他毕竟还是实现了很多网友（80 后、90 后居多）可能一辈子也无法达到目标——在北京买房。这从侧面也反映了中核集团的人才待遇优势，暗地做了一波隐性宣传。

其次，张英森其人（无论是否为真），即使是以悲催形象而走红，但其雄县状元、清华大学毕业的经历无疑是当之无愧的精英。站在中核集团的角度，这也是一个企业展示自身平台高度、人才储备及社会层次的重要维度。房价是一个社会问题，并不能归咎于某一因素或某个企业，因此，只要选对切入点，突出对集团自我宣传有利的方面就达到目的。

最后，中核集团自身。面对公众，中核集团最突出的社会身份标签是高科技央企。但在大众认知当中，其实并不被了解。这种不具有太高正面或负面的既有基础性印象意味着，企业形象打造、自我宣传具有相当高的可调动性与自由度，而企业的公众印象往正面塑造的难度往往也较低。

因此，张英森的走红虽然让中核集团的公共沟通挑战与机遇并存，但确确实实是一次打造正面形象，与公众充分沟通的绝佳机会。

4.“寻找张英森”，就是一个广告

精心的案例策划。张英森的“悲催”经历走红网络，段子中的身份信息让网友颇感兴趣，几乎立刻开始自发“人肉”张英森。网友分别以“2004 年雄县 677 分高考状元”“清华大学”和“中核集团”为线索展开了搜索。在这场全民的“寻人活动”中，张英森的“悲催事迹”被一传再传。

雄县中学通过《北京时间网》做出了回应，报道称，雄县教育局一位工作人员表示，整个雄县只有一所高中，按理说张英森应该就是这所学校的毕业生。但雄县中学一位杨姓老师表示，学校没有张英森这个人。2004 年学校也没有人考上清华，当年县里考生成绩最好的学生考上了浙江大学。这位杨老师还表示，2004 年以来，本校考上清华北大的不多，印象中清华有一个、北大一个，还有一个清华美院。因此这样看来，张英森“2004 年获雄县高考状元”真实性应该不大。然而随后，依然有网友开始追问中核集团的身份信息是否真实。

得知张英森走红后，中核集团开始着手了解网上相关信息。在充分了解事态发展状况、网友意见走向和关注热点、预判机会与风险可能的基础上，中核集团认为，结合这次雄安新区和张英森的热点可以看出，公众对是否存在张英森此人高度关注，不但能成为讨论的热点话题，公众对该话题敏感度也很高，如果能抓住机会找到此人，或者找到类似经历的人，必定可以引发主动的二次转播。因此，做出了策划“寻找张英森”互动式宣传沟通活动的决定。

全网“寻人”。中核集团确立了此次活动的目标——通过在全系统内部寻找张英森，引发关注和讨论，提升公司品牌知名度和美誉度。依据目标设定，将活动的基础目标人群定位在了关心中国发展、关心雄安新区建设、关心中国核电的人群上。具体的传播策略则定为，以社交媒体为主，多条传播渠道同时发力的基本路径。

从筹备期开始，中核集团广发“英雄帖”，在各成员公司的配合下，寻找河北籍、全国名校毕业的公司员工，作为“备选张英森”。

2017 年 4 月 6 日，中核集团官方公众号发布了名为《张英森，你在哪里……》“寻人启事”的官方文章，认真公布了中核集团接收“寻找张英森”线索的微信和邮箱，特别介绍了“中核在冀产业”“设置人才特区”“清华战略合作”及“关于央企一号”四大中核集团关键词，充分展示中核集团最重要的企业特色。“寻人启事”公布同天，人民日报官方微信平台、燕赵都市报官方微信平台作为主要的微信平台权威自媒体进行了同步推广；除微信平台外，中核集团也在自媒体的另一重要阵地——微博上同步发力，展开传播。中核集团官微 @ 中国核工业集团公司与国务院国资委新闻中心官微 @ 国资小新合作，4 月 6 日，前者以长微博形式解析了为什么张英森是中核集团员工，而后者则几乎同时发出了“寻找张英森”的呼声，双微平台发力，点燃了网络“寻找张英森”的“第一把火”。

4 月 7 日，寻人结果公布，陈巧燕、史海富、王兴旺、吕征、贺创业五位中核集团的优秀员工被“挖掘”出来，尽管他们都与“张英森”的名字无关。但从他们的简历中可以看出，每个人身上，都有张英森刻苦勤奋、努力向上的影子。的确，“张英森”作为真实的人并不存在，但“张英森”作为优秀中核人的精神内涵确实是真实存在的。这种来自企业的正能量得到了大量响应。

央视网报道《寻找“张英森”：“年度最悲催网红、雄县人张英森”真有此人？不止一个！》；澎湃新闻的《国资委揭秘：“雄安最悲催网红张英森”的真相》等新闻得到了网友的热情回应。新浪、网易、搜狐、每经网、长江网等各大门户网站纷纷转载了这些承载着中核人精神内涵的“张英森”的故事，全网“寻找张英森”相关信息近万，获得了超过 90% 的网友的好评，而中核集团自己的“神秘面纱”也在积极的氛围中掀起了第一个角。

5. 为什么红的是中核集团的“张英森”？

经过了数天的准备和传播，很显然，网友已经知道，“张英森”并不是一个真实存在的人。然而，尽管“被骗”，网络的反馈却依然非常积极正面。网友不仅认可了五位“疑似”张英森，勤奋努力的中核优秀员工，更认可了从这些胜似"张英森"员工身上折射出来的中核精神和企业文化内涵。而中核集团在这次"寻人"活动中，也以更加正面、更加积极的企业形象被广为人知。那么，为什么是张英森，为什么是中核集团的张英森，原因大概有以下几点。

选择正确有趣的宣传内容。此次"寻人"作为中核集团打造的一款自我宣传与表达的传播活动，做了一个最正确的决定：回避了段子里最容易遭遇负面反馈的房价，把网友的视线焦点牢牢聚集在"张英森"身上。在主动公布的内容中，紧扣住张英森段子中核心身份信息（清华大学毕业），呈现了中核集团人才、战略、布局、定位四大核心要点，巧妙地借力张英森自带的网络热度，极大地提升了事件的传播能力。

塑造了有灵魂的人。尽管张英森并不真实存在，但他所具有的吃苦耐劳、努力奋斗在北京扎根的经历与精神却映射了无数普通人的影子。因此，此次"寻找张英森"的宣传活动在表达方式上，讲述了一个带有温度的故事，塑造的是真实有趣的灵魂。并牢牢掌握了受众兴趣的时间窗口，提升了公众兴趣，主动增强了与受众的黏性。

双向互动的传播。"寻找张英森"的宣传活动在思维方式上，实现了从单向的主动传播到双向的互动传播。"双微"矩阵的同时发力，熟悉新媒体特点和广大网友的心理和诉求。此次营销应景、借势、个性有趣，一定程度上消除了外界对国企的刻板印象。传播效果也在短期爆发、持续发酵，引发了广泛关注，尤其是人民日报客户端阅读量超过 10 万 +。

别出心裁的形式。利用"张英森"热点为自己宣传可以有多种方式，但中核集团选择了别出心裁的寻人启事。通过提升兴趣、解疑释惑、披露真相一系列动作，获得了网友的一致点赞。这种 "接地气"的出场方式和国企平日的严肃形象造成的反差，极大地提高了网友的兴趣，更自带提振士气，充满正能量。

"寻找张英森"成为了 2017 年 4 月最热门的网络话题之一，此次活动也获得了媒体高度评价，被授予了 2017 环球财经峰会"2017 环球财经深度新闻奖"。但更重要的是，中核集团在这次"全网寻人"的过程中，更为公众所熟知，不再是以往那个神秘的央企一号，用低成本、高效率的方式完成了覆盖全国范围的高效品牌传播，增强了公众对中核集团的好感度。

二、"核电宝宝"养成记

"华龙宝宝""核电宝宝""核宝"，近年来我国核电界的卡通形象层出不穷，亲切可爱的外形深入人心。"核电宝宝"由中国核电开发，这个以核岛厂房为原型的呆萌形象，已经演化出表情包、玩偶、马克杯、钥匙扣等一系列周边科普产品。"晒华龙手势，赢华龙宝宝"

的活动曾一度刷爆核行业朋友圈。

“今后，当你在大学校园里漫步时，或在沿海的某个城市里徘徊时，也许能在咖啡馆、小商品店里和核电宝宝不期而遇了。”这是从第十五届中国国际核工业展览会（以下简称“核工展”）上传来的消息。

在 2018 年 3 月 28 日的核工展上，中国核电“核电宝宝旗舰店”正式亮相。店铺虽不大，但人气十足。从招牌（Nuclear Café &Store）、菜单到“商品”都采用了卡通的画风，嵌入了核能清洁环保的理念。店里“商品”琳琅满目，除了核电界熟知的明星产品“核电宝宝”“华龙宝宝”之外，还有“核电宝宝冰泉”等新品。而菜单里的“华龙套餐”“玲龙套餐”“VVER 咖啡”“燃料棒棒糖”“小黄饼”等这些满含核味儿的名字更是赚足了现场的关注，限于展会要求这些商品暂无法面世，不过这让大家更加期待今后的实体店。

1. 与核能共生：沉浸式体验

核电宝宝旗舰店，是中国核电在核科普方面又一次新的尝试，它还有一个学名叫做“核能共生主题展馆”。顾名思义，核能共生主题馆意味着核能与其他元素的共生共存、抑或核能元素的深度植入。它的奥秘就在“共生”二字。“共生就是把核科普的元素植入到人流量相对集中的咖啡、奶茶等店铺中，与店铺深度融合，通过一定的差异化运营手段，达到店铺经营和核电科普双赢的目的，同时也意味着核电与百姓共生。”中国核电宣传文化中心副主任左跃向记者解释道。

这次与公众见面的核能共生主题展馆，是今后实体店的样板间或概念店。在以“核电蓝”为主色调的样板间中，不仅有中国核电对外服务“八大产品”的展示、有核电知识的科普、有“核电宝宝”造型的邮筒、有融入核电素材的可爱玩偶，供参观者拍照留念的窗口，核能共生主题展馆在方寸之间，为参观者创造了一个全方位体验核电的空间。核能共生主题馆从设计理念到样板间的打造，在国内是首家，在全球也是首创之举。

“核电厂发电的原理和烧水是一样的”，在展厅的墙上印着一句通俗的表达。“今后的实体店中也将以这种软性的方式让公众感知这些知识，而不是以专业语言硬性解读。”左跃告诉记者。“核电宝宝冰泉”，是其中一个由中国核电和饮用水企业联手推出的产品，简洁的外包装上印着一句话的介绍，传达了一座百万千瓦核电机组每发一天电，我们就能少烧标准煤约 7700 吨，空气中也能减少二氧化碳约 2.53 万吨，相当于植树造林约 54 公顷这样一个知识点。“一次只传达一个信息点”，中国核电宣传文化中心工作人员崔强强介绍道，中国核电的传播理念是力求以少胜多。中国核电还设想将店铺里的信息实时更新，内容不让人审美疲劳。

2. "逆"势而动：把核电带到人群中

"核电宝宝旗舰店"的设计初衷是，"与其把人带到核电厂，不如把核电带到人群中"，中国核电负责公众沟通的工作人员介绍道。长期以来，由于核技术特有的神秘色彩，不少公众对于核电的发展和安全缺少了解，甚至"谈核色变"。近年来，有些"涉核项目"甚至因为民众的反对而搁置。科普和公众沟通工作的成效，已经成为制约核电发展的重要因素。

传统的科普方式就是把人群带到核电厂进行科普宣传。这种宣传虽然非常有效，但是受接待能力限制和经费限制，能够走进核电厂参观的大众毕竟是少数，地域限制较为突出，而最迫切需要核科普的地方恰恰是尚未建成核电厂的地方。精准科普针对知识水平较高的受众较为有效，而对于平时不具备这种条件的受众则更适用面向大众的沟通方式。中国核电通过反向思维，在城市人流集中区域设立核能主题展馆把核电带到人流中去，能很好地和传统作法形成互补，并最大限度放大科普效果和受众群体。

中国核电用一个时兴的商业理念概括这种公众沟通模式——从 B2B 到 B2C 的扩展，建立全新的 3C 公众沟通模式，即以信心 (Confidence)、联结 (Connection)、协同 (Coordination) 的"3C"沟通理念创新公众沟通实践。在加强与政府、上下游企业、学校等重要利益相关方沟通的同时，中国核电现在更加注重与普通公众的沟通。

"核"百姓共生，这是与公众拉近地理距离的一次尝试。当核知识出现在咖啡杯、奶茶杯上，成为公众日常生活的一部分时，大家就不会再害怕。

观众李女士在旗舰店体验完之后，对这种宣传方式颇感新鲜，"把核能科普融入日常生活，这种宣传核科学的方式很新颖，以后我可以把小孩带过去，一边喝着奶茶一边给小孩科普核知识。"

3. 换位思考：科普大家关心的事

在新媒体时代，信息和知识的表达方式更加多元，人们获取知识的渠道也更加丰富，大众对于知识的获取有了更大的选择性。所以，要扩大科普宣传的成效，仅仅解决人流资源还不够，如何引起人们的关注和兴趣才是关键。

"核"百姓共生，这更是拉近与公众心理距离的一次尝试。"一味地宣传安全，实际上与老百姓走得很远。”在传统的核电科普中，安全性是屡屡强调的话题，但是收效不明显。宣传安全，不如宣传实用，“成为核燃料前，铀矿石曾是顶级染料，中世纪工匠用其将玻璃染成黄色或绿色。”这样一句话出现在旗舰店里，成功吸引了大家的关注。

在“核电宝宝旗舰店”中，一改枯燥的说教和难懂的科学术语，将科普与生活娱乐深度融合，更具吸引力。对于普通民众来说，在知道核电清洁可靠的同时，如果通过主动了解核电知识，还能为自己日常消费带来便利和优惠。例如，购买植入了核电知识的店铺产品可以获得折扣、答对科普问题可以免费接入 WIFI 热点等等，这样的科普显得实用且必定更有成效。

核科普不仅有利于企业自身发展，对于整个行业发展也多有裨益。近年来，中国核电不断创新科普形式，主动适应新时代的新要求，先后开发了《核电小苹果》《核电那些事》等接地气的优秀作品，设计了核电宝宝、华龙宝宝公仔，一改冰冷刻板的工业科普风格，让核科普更有活力、更有趣。希望中国核电的创新尝试，能为中国核科普工作带来一股清风。

4.“华龙一号”将去往哪里?

自 1954 年苏联建成了世界上第一座商用核电厂——奥布灵斯克核电厂，核能正式进入商业领域，成为人类的重要能源之一，至今已经过去了一个甲子。然而，在六十余年后的互联网上搜索核能，正向的关键词却和核能本身诸如技术、安全、发展等特质关系不大；从搜索引擎关键词联想看，公众的问题也多为类似“核能是否能再生”“核能是否为清洁能源”“核能的特点是什么” “核能是不是安全”之类的基础性问题。很明显，在全世界已经有大约 16% 的电能是由核反应堆生产的情况下，在普通人的认知中，核能与核能企业，依然是遥远而模糊的。这无疑是今天核能企业推广自身产品，打造优质公众形象的一个重要障碍。在核电“走出去”上升为中国国家战略的今天，这也是中国核能企业需要面对的一个重要问题。

“华龙一号”是中国核电“走出去”战略的主打品牌，它拥有诸如以下特点：先进性和成熟的统一、安全性与经济性的平衡、能动和非能动的结合及满足、满足电厂 72 小时自治要求、使用大容积双层安全壳、能抵御类似日本福岛的核事故、对海啸和外部洪水有效防范措施等等。

在现实中，享有国际声誉的“华龙一号”在国内并不为人所知。这与核能企业面对的受众有关，它是核能工业领域 2B 的重要工业商，遥远地躲在公众身后，但是又时时刻刻影响着人们的生活。网络信息的实时传播速度，公众环保意识的增强对有污染性质的重工业企业产生极大的关注。人们更加注重生活品质，健康的、环境的，而被誉为“国之重器”的重工业企业，更有责任和义务去满足人们对环境问题的知情权。这是消除不信任、赢得社会认同和支持的重要一环。

核能企业的公众沟通，是国际上的一个沟通难题。以我国为例，想要和公众进行顺畅沟通就受到两方面的重大压力：一是邻国日本的福岛核事故的影响至今难以消除，多数民众对核工业依然持怀疑或保留态度; 二是权威专业的核知识内容过于艰深，与公众沟通的机会很少，普通民众对核知识往往一脸茫然，做到真正理解并支持，路途仍然遥远。

即使核电公众沟通之路困难重重，我们还是需要迎难而上，越是艰难，要求越高，越要克服沟通难题，去完成国家实施的核电"走出去"的战略要求，实现中国由核电大国向核电强国华丽转身。努力把我国核电技术走出去主打品牌的"华龙一号"，作为中国核能代表隆重推出去，这需要更高效的沟通方式，更完善的沟通体系，更走心的沟通理念。

5. 来核工展，看"华龙宝宝"

在专业的领域做专业的事，在专业的地方与公众做接地气的沟通。经过研究与策划，沿袭中国核电家族科普形象设立的传统，中国核电在 2016 年的核工业展上，举办了核电行业首个科普形象发布会。借此发布会的机会，进行了一系列可持续相连接的品牌宣传活动，致力拉近核电行业与公众的心理距离。

（1）"华龙宝宝"为核家族代言

"华龙宝宝"作为中国核电最为热门的科普形象，被选为发布会的主推展示对象，当之无愧。这既与"华龙宝宝"外在的可爱、亲民、安全形象紧密相连，又与中国核电的战略考虑息息相关，寓意深远，用心良苦。

首先，"华龙一号"是我国自主核电技术出口重要战略的主推品牌，也是中国核电在 2016 年前后的核心的工作之一，选择"华龙宝宝"做主推对象，宣传策略能在最大程度上与中国核电的整体策略保持一致。

其次，"华龙一号"面临国内同行抢占宣传舆论的竞争行为，在符合相关部门融合导向的前提下，"华龙宝宝"的快速推出有利于中国核电保持品牌宣传的先发优势。

最后，"华龙一号"没有自己的专属科普形象，出于技术本身的宣传需要也要设计专属形象，结合华龙手势能在新媒体层面进行二次传播，也为中国核电后续"华龙一号"的战略发展赢得主动性。

"华龙宝宝"的设计围绕"华龙一号"两个主要特性精心创意：一是融合。根据能源局的政策要求，“华龙宝宝”和手势的设计突出显示了中国特色和融合含义——温和的天蓝色突出了核电安全和清洁的技术特性；背后的“华龙一号”Logo 采用了中国风的形式，简洁优雅；外型以弧线为主，巧妙加入中国龙的犄角和尾巴元素，整体视觉现代圆润，颇具中国特色；二是国际性。围绕“华龙宝宝”设计的所有宣传资料、素材，均使用中英双语便于外宾阅读，形象设计及年龄形态选择也有利于弱化西方文化中对于龙的负面理解。

（2）萌宝 + 手势，带火发布会

在精心设计“华龙宝宝”形象的同时，中国核电又在“华龙宝宝”科普形象的基础上做了延展，即华龙手势。又利用新媒体的互动特性，吸引更多受众参与到“华龙宝宝”活动中，形成互动式传播，获得了公众广泛认可。

为迎合当下年轻人喜爱的线上直播形式，中国核电运用“互联网 +”思路，策划“华龙宝宝”发布会。除了线上线下的实体展开，还开设直播间，邀请广大网友在线观看“华龙宝宝”发布会。大家可以利用弹幕发表实时评论，可以用礼物表达赞叹，人气爆棚；更热闹的活动还是在现场，通过微信摇红包，引起许多参展公众的围观。而“华龙宝宝”比赛和集体自拍，更是推动展台氛围走向高潮。利用自媒体营造集体狂欢，利用发布会打造多处亮点，吸引展会中的各家媒体主动捕捉，将“华龙宝宝”的宣传辐射面更广，更受关注。

最后“晒华龙手势，赢华龙宝宝”的活动，更是让中国核电成为本届核工展最火爆的展台。两只手，一个简单的组合，代表华龙的首字母“H”和“L”——华龙手势成为了连接观众和华龙宝宝的钥匙。无论展会现场还是新媒体平台，只要网友晒出华龙手势，就有机会获得可爱的“华龙宝宝”玩偶。“华龙手势 + 华龙宝宝”的组合成为了“华龙一号”在朋友圈传播的重要暗语。手势带来了仪式感和参与感，而可爱的公仔形象则让网友将“华龙宝宝”乃至“华龙一号”牢牢记住。

“华龙宝宝”发布会在朋友圈的刷屏得到了国家能源局、国家核安全局领导的认可并亲自示范。在活动现场，中国广核集团和西屋公司的相关领导及参展人员也都参与到了活动当中。

（3）“华龙一号”，国际范儿

由于“华龙一号”是作为中国核电“走出去”战略的主打品牌，“华龙宝宝”的发布会着重凸显了华龙“国际范儿”。

在发布会的前期宣传素材和预热运营工作中，中国核电采用手绘的形式，精心设计了全套"华龙一号"的核心功能说明，并制作了动画和信息图，所有素材都设计了中英文版本。核工展前，以"神秘人物现身核工展"为主线，制定了详细社交媒体预热计划、活动运营及媒体合作沟通方案，并在全球访问量最大的社交网站之一 twitter 上进行了不间断地投放和推送。

在这次活动中，中国核电推出的"华龙一号"相关信息图和科普动画，不仅得到中核集团和成员单位的大力支持和协作，也和众多行业自媒体，如"核电那些事""核电头条""中国核能""能见派"等联合发布，短期内营造了极高的关注度。二次传播的范围不仅覆盖了企事业单位和相关院校，也吸引了中广核和部分地方媒体进行了相应转发。

新颖的理念和火爆的活动，为太平洋地区核能大会 600 中外嘉宾准备的"华龙宝宝"纪念品，引得各位领导和中外嘉宾纷纷点赞：太平洋核能理事会主席 Mimi limba 现场称赞"中国核电组织了一次极富创意的活动"；国家能源局曾亚川副司长则直称"创意很好、讲解很好"；国家核安全局郭承站司长也表示形式很新颖。不仅如此，相关亮点按照策划预期被各家媒体重点报道：新华社发客户端头条并推荐作为"一带一路"沿线国家宣传推广的形象纪念品、人民网发头条，媒体发稿点击量过百万；而在新媒体层面，国资小新、核电那些事等行业"大V"也纷纷进行了报道。

（4）线上参观者，引爆网络

往届的核工展受到地域和时间的限制，往往无法全方位覆盖更多行业人群，这会限制核工业展会的社会影响力。在 2016 年的核工展上，为了让"华龙宝宝"发布会被更多人关注，获得高效的传播；也为了核工展能覆盖更多人群，增加全社会关注，中国核电将"华龙宝宝"发布会中的"互联网 +"思维，创造性地运用于核工展。通过流行的直播形式，除了对"华龙宝宝"的发布会进行在线直播外，还对整个核工展的开幕式进行了直播，让更多的普通公众得以在线参加发布会。不仅如此，考虑到网络条件的限制，中国核电还在"核电宝宝"个人公众号的朋友圈里进行了图文直播，最大范围地扩大发布会的影响力，和核工展一起，做到了传播上的双赢。

6."华龙宝宝"强劲的续航传播

"华龙宝宝"科普形象发布会作为 2016 年核工展上最大的亮点之一，受到了很多人的认可和关注，也为"华龙一号"赢得了高度的市场赞誉。中国核电借势发力，利用较高的关注度，在后续推出一系列的衍生活动和周边产品，引人继续关注。扩充发展华龙宝宝品牌形象，充分传播华龙手势，进一步强化公众接受度和认可度，使其成为“华龙一号”在行业内示范性的科普元素。

（1）“华龙宝宝”和手势知识产权注册

鉴于“华龙宝宝”形象和华龙手势的设计属于中国核电的宝贵原创作品，在发布会后，立刻着手开始进行相关知识产权保护，将形象和手势注册了专利，避免形象被盗用及知识产权竞争。

（2）基于“华龙宝宝”形象周边产品衍生开发

“华龙宝宝”作为一个科普形象，通过 2016 年核工展的契机成功地被市场所接受。依照成熟的市场开发和商业逻辑，中国核电以最快的速度开发出了基于“华龙宝宝”形象的各类相关周边产品。在非实物产品序列中，中国核电选择并开发了传播力最强、覆盖范围最大、性价比较高的一系列产品，如微信表情包、H5 互动、各类动漫和短视频。而在实物产品序列中，中国核电集中精力做了三四款质量较高的实物产品，如“华龙宝宝”拍拍灯，小音响、T 恤、笔等，便于长期使用，延长产品宣传周期，加深产品公众印象。而在华龙手势方面，中国核电开发了标准规范的说明手册、海报和演示视频，便于进一步推广传播。

（3）挖掘开发“华龙一号”相关文化

“华龙一号”作为我国在 30 余年核电科研、设计、制造、建设和运行经验的基础上，研发的先进百万千瓦级压水堆核电技术，凝聚了中国核电建设者的智慧和心血。“华龙一号”在其诞生与走向世界的过程中，代表的不仅是中国核电技术的领先，更是锲而不舍追求卓越的核电精神的象征。因此，中国核电在充分挖掘“华龙一号”文化内涵的基础上，还打造了一系列的传播产品，如华龙周年主题活动（周年宴、时间胶囊等）、“华龙一号”主题曲、不同文化语种的宣传素材集合等，每一个活动、每一个传播素材都成为了“华龙一号”新一轮的传播热点，成为了“华龙一号”文化，乃至中国核电企业文化的一部分被广为传播。

（4）多元化的推广运营活动

整体层面，中国核电制定了“华龙一号”三层立体推广运营活动；国际层面，中国核电充分利用各类国际相关展会和峰会的机会，进行华龙宝宝和手势、华龙科普宣传品的形象宣传，加强国际和行业认可度与知名度；行业层面，中国核电持续推进，加强了与能源局等相关主管部门和华龙公司等相关机构进行资源共享，形成了较为有效的传播矩阵；内部层面：在成员单位，特别是以“华龙一号”为选定技术路线的成员单位进行相关公众沟通活动时，选定华龙宝宝系列产品为指定宣传品，形成协同效应；新媒体层面，则策划了系列基于华龙宝宝的主题运营活动，例如“华龙宝宝”小游戏，主题动漫、动画片等，力争形成一两次新的宣传焦点。

7. 三步走塑造中国核电新形象

“华龙宝宝”在核工展上的惊艳亮相，成绩斐然，连同以“华龙宝宝”形象为基础的一系列后续推广运营活动，成功结合成为了中国核电企业社会形象的一部分。这种企业形象的塑造经验总结下来，是“华龙宝宝”的三步曲，也是中国核电的三步曲。

（1）借势营销，创造不同

选择合适的平台与时机，是“华龙宝宝”大受欢迎的重要原因。一方面，核工展有着覆盖面最广的行业受众；另一方面，利用全国层面的大事件作为触发点，提升了形象发布活动本身的自带热度。这是企业形象塑造中最具实操性的经验——选择合适契机，借助事件发动，打造形象塑造的良好开局。

（2）持续塑造正面形象

事件发动虽然有助于在短期内提升企业形象知名度，但想要保持持久的影响力，塑造公众心中的正面企业形象，仍然需要长期潜移默化的努力。在这一方面，中国核电“华龙宝宝”也是一个优秀范本。在核工展发布会形成良好开局的基础上，后续一系列渗透进普通公众生活细节的周边产品无疑大大提高了中国核电（或“华龙一号”）在日常生活中的渗透率，能够有效地塑造产品 / 企业的正面形象。

（3）玩转新媒体，发挥最大力

新媒体时代的传播与企业形象塑造中，媒体渠道的选择是一个重要的策略问题。不合适的媒体渠道选择不仅影响目标受众的到达率，甚至可能起到适得其反的宣传效果。“华龙宝宝”的发布也是媒体渠道选择的优秀案例。在清晰定位发布会受众（参与核工展的行业内人士及关心核电的普通公众）及宣传目标（提升“华龙一号”知名度及打造良好企业形象）的基础上，选择了最接地气最为亲民的渠道。包括双微（微博、微信）端及直播端在内的各种新媒体渠道，拥有比传统媒体更强的渗透能力，而这些新渠道本身也和中国核电本身先进、创新的企业文化内核融合在一起，宣传效果超出预期。

技术成就时代，时代创造技术。开放包容、与时俱进是中国核电在公众沟通和品牌宣传中探索的原则，做一个公开透明、有温度的亲民企业，和公众一起为中国核电事业加油，也为公司未来发展营造和谐的社会环境。

三、侗族女孩的“魅力之光”

“魅力之光”杯核电科普活动由国家核安全局、国家能源局、国防科工局、中国科学技术协会牵头指导，中国核学会与中国核电联合主办，各核电集团支持参与，通过网上答题赢取奖品和核电科普夏令营结合的方式，向社会公众宣传普及核电科普知识，提升公众对核电和核安全的认识。自 2013 年首届活动举办以来累计参加人数超过 200 万人。来自全国各地的 400 多名获奖者，通过夏令营参观了秦山核电、田湾核电、福清核电、海南核电、三门核电和辽宁核电。“魅力之光”已成为了名副其实的全国性的核科普品牌活动，为核电科普知识的传播和核电事业的发展营造了良好氛围。

1. 一位走进“魅力之光”的侗族姑娘

吴倩香，一个贵州侗族女孩，一位性格内向的乡村姑娘，对于外面的世界也知之甚少。

2010 年，当中国核电组织的核电科普知识讲座，走进她所在的贵州从江县第二民族中学时，她与核电的“不解之缘”就开启了。

2014 年，吴倩香以贵州地区第一名的成绩获得“魅力之光”夏令营资格，在爸爸的陪同下，她第一次走出黔东南，来到南京和连云港参加第二届“魅力之光”中学生核电知识竞赛。那一年，吴倩香第一次走进了核电厂，参观了田湾核电基地，大山的孩子第一次感受到了核电科技巨大的魅力。

2015 年，凭借努力再次获得参加第三届“魅力之光”资格的吴倩香这次没有再要父亲陪同，孤身一人坐了 9 个多小时的高铁来到福建福清，第一次亲眼看到了正在建设的“国家名片”——“华龙一号”的真容。

2016 年，吴倩香第一次一个人乘坐飞机，来到海南昌江核电基地，参加第四届“魅力之光”，此时她已经是“魅力之光”的熟客，是核电事业的朋友。

2017 年，吴倩香走进了东北电力大学建筑环境与能源应用工程专业的课堂。四年来一步一步的前进，背后不仅是大山姑娘想去外面世界“看一看”的动力，更离不开中国核电员工每一年的资助和关心。这一年，不再是中学生的吴倩香没有再参加“魅力之光”，但吴倩香的妹妹，又一个侗族少女走进了"魅力之光"。

2. "魅力之光"如何发散核魅力

鼓励侗族女孩吴倩香走出大山的"魅力之光"诞生于 2013 年。而这个活动自诞生起，就深深地打上了核电与互联网的共同基因。

（1）三线联动打造魅力科普品牌

"魅力之光"知识竞赛通过线上、线下及媒体三条渠道，采用了"线上答题，线下发动"的组织方式。在线上，利用互联网通过网络答题的形式，降低了参赛门槛，能够尽可能地吸引更多中学生参与到线上答题竞赛的活动中。不仅贴合当下中学生互联网原住民的惯用参与方式，更引导了学生正确健康使用互联网的意识和习惯。在线下，中国核电各下辖核电企业发动，带动公众科普宣传，提高学生参赛深度。在媒体渠道，通过传统媒体和新媒体双重渠道对活动进行二次传播，广泛宣传活动情况，提高科普品牌知名度与美誉度。

（2）核知识，喊你来答题

在"魅力之光"线上答题的竞赛期间，中国核电、中国核学会采用网络答题形式，与国内青少年科普的主流平台果壳网、新浪网、知力网等进行合作，提供答题平台。从 2016 年起，根据移动互联网的特点，又开通了手机答题通道，通过关注"中国核电""科普中国""知力科普"等公众号进行答题，再次增加了核知识竞赛在全国中学生群体中的覆盖能力。此外，竞赛以"魅力核电，美丽中国"为主题，内容涵盖核能基础知识、核电发展历史、核能发电原理、辐射与安全等基础知识，答题专栏中分别以科普宣传片、科普问答、科普漫画等形式提供了可在线浏览的信息，在参与答题之余，有效地传播了核电科普知识。更提高了各核电公众号的转化率。

（3）线下发力形成网络热点

除线上平台积极推进外，在线下，各成员公司齐头并进。中国核电和中国核学会在竞赛活动中，充分调动成员公司及核学会会员单位的积极性，鼓励各成员单位借助"魅力之光"的全国性竞赛平台，与教育局等政府部门深度合作，在本核电项目所在地开辟地区竞赛，并给予二次激励。这不仅使各成员公司成为线下发动学生参加竞赛的主力军，也有力促进了各成员公司日常科普工作成效。

媒体助力也提高了科普品牌美誉度。在活动组织过程中，主办方提前进行专题策划，获得了人民日报、新浪网、人民网、中国环境报、中国能源报、未来网、中学生报等媒体的高度关注和支持。通过媒体跟踪报道，借助主流媒体的影响力，极大提高了“魅力之光”科普品牌的美誉度。截至 2019 年 7 月底，“魅力之光”的百度新闻关键词搜索量已超过 50 万条，公众号上关于“魅力之光”相关内容的阅读量已突破 5000 万人次。

（4）全社会都爱“魅力之光”

“魅力之光”竞赛活动，只为与公众更亲近，与公众沟通更顺畅。尤其能够引导我国中学生从小就能树立科学的核能观。我们所做的事简单，我们的初心真诚，我们的努力得到了全社会的支持与关爱，“魅力之光”活动影响力与日俱增。如今的它已经演变为全行业全社会关注的“魅力之光”。

政府部门、行业协会对该活动的重视度和参与度不断提高。在“魅力之光”知识竞赛的启动仪式及夏令营开营仪式上，国家核安全局、国家能源局、国防科工局、中国科学技术协会、中核集团、中国核工业建设集团、中国广核集团、国家核电技术公司、中国华能集团、中国大唐集团等单位相关领导均出席仪式并指导，王乃彦、李冠兴、胡思德、樊明武、叶奇蓁、周大地等多名院士、专家主动为核电代言。2017 年，由中国科学技术协会会同国家能源局、国防科工局、国家核安全局等部委在全国开展的“科普中国——绿色核能科普活动”中，第五届“魅力之光”活动也被纳入其中。核电科普被提升到新的高度，并获得了在更高平台和更大范围内进行推广传播的机会。

除政府部门和行业协会外，“魅力之光”活动也吸引了越来越多核电行业的参与。从 2014 年起，陆续有国家电力投资集团等其他核电同行主动发动自己所在核电项目的中学生参加“魅力之光”活动。后续在国家核安全局等部委的牵头指导下，参与到此次活动的单位已扩大到中广核集团、华能集团等国内同行，形成了核电同行共同参与的科普宣传和公众参与平台。

3.“魅力之光”温暖核电

截至 2019 年 7 月，“魅力之光”已经走过了七个年头。组织与中学生“亲密接触”，看似和核电技术、企业经营本身关联不大。但若以一个普通人的眼光审视中核“魅力之光”的这七年，核电在一次次的活动中肩负更多责任，传递更多温暖。

走进了大学的吴倩香在 2017 年 7 月第五届“魅力之光”夏令营的开营仪式上，这样形容了她与“魅力之光”、中国核电的深厚缘分——“‘魅力之光’带给我走出大山看世界的机会，见证了我从懵懂无知到满腔热情的蜕变，帮助我实现了大学梦想。是'魅力之光'的土壤成就了今天的我，是'魅力之光'将核电带入我的生命，让我有了努力的方向和奋斗的动力"。

"魅力之光"早已不仅仅是一场科普活动，更是一场传递公益和梦想的实践。主办方在组织"魅力之光"夏令营活动中，将科普与企业社会责任相结合，在营员选拔中除了注重成绩相对优先，也均衡考虑了欠发达地区的公正需求。2014—2019年，在"魅力之光"活动中，来自农村地区的营员超过四分之一，这些营员在夏令营活动中完成了人生中的一次重要成长。这五年中还有许多个"吴倩香"，在核电企业的关怀下，认识核电、认识世界，心怀梦想。

除了"魅力之光"核电知识竞赛，丰富多彩的夏令营活动也让学生深度了解了核电知识，在轻松愉悦的气氛中逐渐消除对核电的误解和隔阂。在深度参观核电厂的过程中，营员们亲自体验了测量核电剂量，进入到核电厂的核心设备区参观、与核电厂核心区的工作人员、外方专家面对面交流；与核电厂周边群众沟通等深度沟通交流，在实践中，在观点和思想的碰撞中，逐渐对核电安全、清洁、高效的特性有了全新的认知。特别是在第五届"魅力之光"夏令营活动中，来自全国各地的60名"小小工程师"穿上核电厂工装，为AP1000全球首堆代言，与核电"黄金人"及外方专家面对面，给父母写信说说眼中的核电。一系列丰富有趣的活动不仅得到了营员们的一致好评，更获得了行业和媒体的广泛点赞。

至今，"魅力之光"在时光的流转中，已经实现了新品活动衍生、参与平台搭建以及品牌价值扩展的阶段发展目标。"魅力之光"已成为全国性的核科普品牌活动，为核电科普知识的传播和核电事业的发展氛围的营造贡献了力量。"魅力之光"也培养出了一大批"核电小学者""核电小讲师""核电小记者"，为国内核电科普工作输送了新鲜血液。

对于2020年即将展开的新一届的"魅力之光"活动，中国核电和中国核学会在总结过去五年组织知识竞赛和夏令营活动的基础上，将进一步创新组织形式、丰富活动内容、扩大活动参与面，将"魅力之光"的核电科普品牌经营好，去赢得更多家长、老师、学生、媒体的好评，让"魅力之光"照亮中国核电行业科普之路。不仅为提升青少年科学素养，也能促进公众理性看待核电，更是为核电事业健康发展营造良好的社会环境和舆论氛围做出新的贡献。"魅力之光"是一道美丽的彩虹，折射的是核电企业发自内心的热情与温暖。

4. 多名"吴倩香"见证下的"魅力之光"与中国核电

由中国核电和中国核学会精心策划并主办的"魅力之光"杯全国中学生核电科普知识竞赛暨夏令营品牌活动，在国家部委的牵头指导下走过的七年历程，成绩斐然，硕果累累。

这七年，“魅力之光”知识竞赛的参赛人数从 2013 年最初的 6000 人发展到 2019 年的 640 000 人，七年间在线上答题的参赛人数累计超过 200 万。参赛人员不仅覆盖全国 34 个省、自治区、直辖市，还有来自法国、英国和澳大利亚等国的参赛者。中国核电将核电科普的种子通过“魅力之光”，撒播到全国乃至全世界，极大地减轻了公众对核电的误解和隔阂。参赛人数数字大跳跃的背后，是中国核电加强公众沟通，为营造核电可持续发展的良好氛围所付出的不懈努力。

这七年，“魅力之光”科普夏令营已组织超过 400 名来自核电项目所在地或贫困地区的优秀中学生代表走进核电基地深度参观。以走出大山的侗族姑娘“凤凰妹”吴倩香为代表，许多学生营员在“魅力之光”活动中收获了自我成长，激发了攀登核物理高峰的志向。学生们实现梦想的背后，是她们的努力和奋斗，也是中国核电履行国企社会责任表达。

这七年，“魅力之光”从企业的单项科普活动成长为由政府指导、协会搭台、各核电集团共同参与的全国性科普品牌活动。“魅力之光”活动从创始之初就赢得了媒体的高度关注和支持，其公开透明、可持续的科普机制照亮了我国核电行业的科普之路，包括中广核、国电投、华能集团等核电集团也逐年加大了活动参与的力度与深度，2017 年该活动更是被纳入“科普中国——绿色核能主题科普活动”之一，这是中国核电科技、核电企业配合我国核电“走出去”的国家战略的浓重一笔。

5.“魅力之光”活动不停歇

现代的公益，是结合信息化技术，通过网络的传播，人们通过网络参与公益活动，真正实现速度快、覆盖广的效果，通过各个地方各种人的协作，让世界更美好。

美国的《策略管理报》曾经做过这样一项调查：挑选了 469 家来自不同行业的公司，测算了其资产回报率和公司的社会公益成绩的关系。结论是，企业资产回报率和公司社会公益成绩这两者之间有非常显著的正面相互关系，同时，销售回报率和公司社会公益成绩之间也存在着这样的正相关关系。不仅如此，各类现代企业管理的实践与研究也证实，企业作为现代社会重要的组成部分，企业投身公益事业，不仅能够促进自身良好社会形象的树立，而且也能够带来更大的市场占有率，显著提升“非赢利性”竞争能力。

自中国加入 WTO 已经过去了 17 年，许多跨国公司还专门为中国市场度身定制了公益事业发展项目。而中国企业想要在这场长时间的跨国竞争中赢得胜利，尤其是在核电这个对公众理解与支持需求极大的高科技行业中占得先机，打造先进、安全、开放、有社会责任感乃至有全球社会责任感的企业形象显得尤为重要。

21 世纪即将进入第三个十年，国家之间、企业之间的竞争也将进入到新的层面。中国核电企业在全面提升竞争力这一问题上，不但要提高产品质量，加大科技投入，促进产业升级等，更要实施品牌战略，打造自己的特有品牌。现实而言，核电长期的获利能力是建基于良好的企业形象和社会公众的持续认知能力的。"魅力之光"活动是中核核电企业自觉承担社会责任，参与公益事业，获得社会亲和力和公众认可的优秀典范，而作为中国核电 "走出去"战略的重要执行者，"魅力之光"与中国核电，将一直在路上，不停歇。

第二节 不可忽视的邻避案例

海阳核电

一、河南：惊心动魄“将建四座核电厂”

2011 年 3 月，里氏 9.0 级地震以及引发的大海啸导致日本福岛县福岛第一核电厂、福岛第二核电厂受到严重的影响，其中福岛第一核电厂的放射性物质泄漏到外部，这次严重的事故最终被定名为“福岛核泄漏事故”。它刻在了人类核能工业的发展历史中，在随后相当长的时间内，与 1986 年苏联切尔诺贝利核事故一起，成为了核能工业安全问题上的一个重大阴影，并造成了核能企业在公众沟通问题上长期面临的巨大障碍。

国际上屡次出现公众呼吁组织的“废核运动”，了解与信任，始终是横亘在核能企业和公众之间无法回避的问题。中国虽一直以地大物博，能源总量丰富著称，但在能源方面，却也一直面临着资源约束突出、能源效率较低、环境压力较大等问题。核电作为高效、安全、清洁的能源，能够有效地完善能源结构，改善能源现状，并作为“十三五规划”中上升到国家战略的核电“走出去”，对我国经济发展和国际竞争力也是极大拉动。然而这一切，都面临着核电企业与公众沟通的鸿沟。因此，河南建设核电厂等舆情事件作为核电企业与公众沟通的典型事例，具有高度的参考价值。

1.“河南将建四座核电厂” 震动舆论场

2017 年春节假期刚过，2 月 5 日前后，《河南省“十三五”能源发展规划》(以下简称《规划》) 正式出台，有关媒体给予了高度关注。其中关于核电方面的表述，被部分网络媒体冠以“河南南阳、信阳、洛阳、平顶山四市将建核电项目” “河南四地要建核电厂，瞅瞅有你家乡不”等标题，立刻引发了社会各界和媒体的广泛关注 (见图 3-1)。

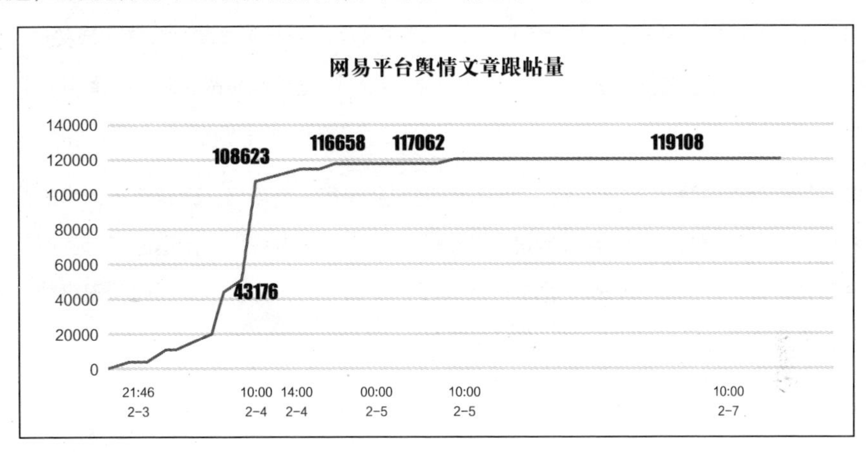

图 3-1 “核电”和“河南”搜索指数（关注度）对比走势

事件描述

2017 年 2 月 3 日，河南省发布《十三五能源发展规划》，其中涉及核能部分描述“稳步推进核电项目前期工作。做好南阳、信阳等核电项目厂址保护工作，争取继续列入国家核电中长期发展规划。待国家启动内陆核电项目规划建设后，积极推进南阳、信阳、洛阳、平顶山等核电项目前期工作。加强核电项目公众宣传，为核电项目规划建设营造良好氛围。”该内容本属常规性地描述，但由于部分媒体“标题党”式的解读，使得该事件迅速成为了舆论焦点。凤凰网 2 月 3 日晚发布题为《河南这四市将建核电厂》的文章称，《河南省“十三五”能源发展规划》已经河南省政府同意。根据规划，十三五期间，河南省将进一步调整优化能源结构，降低煤炭消费比重，大力发展天然气和非化石能源，发展核电能源，在南阳、信阳、洛阳、平顶山推进核电项目的前期工作。同时将大幅度提高全省电力装机总容量，确保中心城市（区）每户每年停电时间不超过 1 个小时。文章发布后引起媒体、网民的高度关注，网易、腾讯和澎湃网等多个主流网络平台转载，“知乎”上也已经出现“河南将建 4 座核电厂，你怎么看？”的提问，截至 2 月 4 日 14:00，热贴网站网易的跟帖数近 11 万条，“河南四个城市将建设核电厂”的导向文章在各大门户网站开始发酵传播，大部分网民对河南建设核电表示抵触与担忧。

舆情预警

网易于 2 月 3 日 21:46 发稿《河南 4 市将建设核电项目：确保每户每年停电不超 1 小时》，截至 2 月 4 日 14:00，跟帖数达到了 108 623 万条，根据连续 12 小时跟踪监测数据研判分析，该文章已经出现快速发酵趋势。与此同时，如下两个新闻亦引起媒体和公众的广泛关注：“福岛核电厂二号机组近日被发现压力容器已被烧穿”和“韩国核能事故灾难片《潘多拉》可公开观看”。

多起舆情事件的叠加造成事态尤为复杂，因涉及我司河南项目，为避免舆情事态升级为不可控的局面，按照公司舆情管控制度，我们启动一级舆情响应，决定迅速进行回应。考虑该舆情已经各大门户的集中转载，形成较大范围的传播，进行内容下架处理已无可能，经过研判，决定启动对冲机制，组织文章进行舆情对冲。

舆情处置

本次事件的处置，公司启动了与传统媒体、新媒体的舆情联动处置机制。我司宣传文化中心与合作行业媒体“核电那些事”合作，由“核电那些事”安排团队新媒体专家和行业专家合作进行对冲内容的梳理和编制，并在 2 小时内编制完成并通过联合审核。

2 月 4 日 14：40，我们通过独立的第三方平台“核电那些事”进行发声回应，《河南四市要建核电厂？真相在这里》，就内陆核电的具体进展进行了澄清和答疑，阅读量超过 2 万。网络方面通过知乎、今日头条、新浪和腾讯企鹅号进行二次传播。地方上通过“核电那些事”垂直行业数据库，首次尝试将对冲内容投放至河南南阳市的当地垂直新媒体，南阳微新闻等多个当地新媒体进行了二次推送，网络总阅读量已超过 50 万，形成了良好的转换和对冲效果。

网易舆情热贴《河南这四市将建设核电厂》跟帖量，回应前约为 108 623 条，回应后 10 小时为 116 658 条，回应后 20 小时为 117 062 条，截至 2 月 7 日 10 时，网络跟帖总数为 119 108 条。网易等多个平台取消焦点关注，澎湃新闻则发稿《河南要建核电的背后核心：到真正开建要等多久》，影响力逐步衰减。2 月 5 日 13：04 分，河南地方亦通过媒体进行了回应，北京晚报报道《网传河南洛阳要建核电厂？官方回应：未列入规划》。2 月 7 日 10 时，通过搜索引擎抓取，关于《河南四市将建核电厂》已没有新的媒体关注与报道。

舆情策略

结合以往经验，此次舆情处置采取如下策略：

1. 及时回应，对冲舆论。为避免舆情演变为群体事件的黑天鹅，我们快速进行了回应，形成了舆论对冲。

2. 第三方发声，降低风险。通过与行业第一大号“核电那些事”等行业覆盖面广的新媒体深度合作，在舆情事件中，通过独立第三方进行发声，既避免了利益相关方表态的风险，也有效的整合了媒体资源，让舆论呈现正反对冲的缓和态势，避免一边倒的多级放大。

3. 主流媒体，引导舆论。通过与人民网等媒体的强强合作，通过今日头条等二级渠道的拓展，在舆情处置中，主流媒体的发声让民众易于定位，不易被反对舆论引导。

2. 说来话长的河南核电

互联网搜索指数体现得非常明显，2017 年 1 月，核电的全国搜索指数尚处在低位，2 月出现了幅度较大的增长（见图 3–2）。不仅如此，直至 2018 年年初，核电的搜索指数尽管较之 2017 年 2 月略有下降，但相较 2017 年 2 月之前，依然处于一个较高的水准。通过走势我们可以清晰地看到，每一个较为明显的搜索高峰，来自河南的关注都可以占到总体关注的 17.64% 左右。

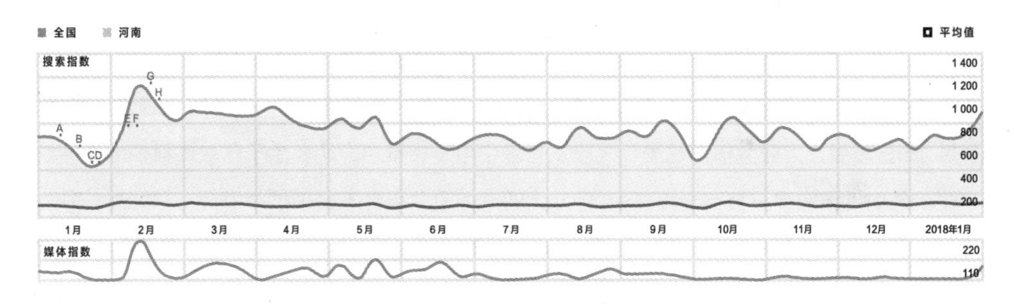

图 3-2 “核电”和“河南”搜索指数（关注度）对比走势

然而，《河南省“十三五”能源发展规划》中所谓的“推进核电项目的前期工作”，距离核电厂真正开工建设，还有漫长的准备过程。更重要的是，“十三五”规划中“积极开展内陆核电项目前期工作”的表述已经释放了明确信号，“十三五”期间内陆核电获准开工的可能性微乎其微。尽管澎湃新闻当时立即做出了河南方面的政策解释，但这条消息依然撩拨了中国核电行业最敏感的神经——内陆核电。

核电不是第一天成为敏感话题的，对河南核电而言也不是。

早在 2010 年前后，移动互联网还不太发达的时候，河南因为“核电厂”三个字，就曾占据舆论头条，引来无数目光。

此事说来话长：2008 年，洛阳签约建核电厂引发担忧，被疑会毁掉九朝古都；2009 年，河南开封疯传钴 -60 泄漏将爆炸的谣言，许多群众逃离家乡，前往附近县市“避难”，一度堵塞交通；2010 年，河南积极筹建的南阳核电厂，被指靠近该市主要饮用水源地白河，引发了周边群众的担忧；然而最严重的，还是持续长达 2 年的信阳核电厂事件。

2008 年 7 月，中广核集团与信阳市人民政府正式签署《合作开发建设河南信阳核电项目框架协议》，启动河南信阳核电项目。此后，中广核专业人员勘察了信阳市的山山水水，并动用卫星拍照，从上千地点中确定了 10 多个核电项目厂址候选地。考虑到人口聚集、水力资源、防洪等因素，最后只剩下 4 个候选地：浉河区小尖山厂址、杨家塘厂址，商城县马槽厂址和光山县石仙山厂址。

2010 年 3 月 21 日上午，来自全国各地的工程、电力、地质等方面的专家、工作人员以及国家环保部北方核与辐射安全监督站、省能源规划建设局相关负责人一起来到信阳对四个厂址进行现场勘察。最终选址在信阳市浉河区董家河杨家塘。

然而，离选址确定仅仅过去不到三个月的时候，6 月 14 日，香港媒体报道深圳大亚湾核电站“发生历年来最严重的核泄漏事故，辐射泄漏已严重威胁附近居民的生命安全”。由于大亚湾核电站毗邻香港，离香港直线距离 45 千米，报道迅速点燃香港和内地民众的恐慌情绪。6 月 15 日凌晨，大亚湾核电站第二大股东香港中电发布紧急声明：由于此次燃料棒出现裂纹产生的放射性碘核素是被完全隔离的，因此大亚湾核电站事件不属于核事故，也无需即时通报。即便如此，作为股东的身份，香港中电此言在公众看来与自说自话无异。

6 月 16 日，国家核安全局与中国广核集团向媒体通报后，这起事件的起因才揭露：二号机组反应堆中的一根燃料棒包壳出现微小裂纹，但影响仅限于封闭的核反应堆一回路系统中，放射性物质未进入到环境，因此未对环境造成影响和损害。上海核工程研究设计院与专家委员会副主任反复向媒体解释，表示所谓的“大亚湾核泄漏”是公众的误读。依靠中国国家机构和大型国企公信力的背书，这场危机才开始逐渐散去，但影响却蔓延许久。

这场意外令千里之外的信阳核电项目遭到了重大冲击。在信阳反对建设核电厂的一个QQ 群里，此次"大亚湾核泄漏"事件成为长达两个星期之久的讨论焦点。拟建的信阳核电项目的业主单位同样也是中国广核集团，当地民众一直以来的担忧再次被大亚湾事件激发，最具代表性的"反建理由"竟然是 "信阳的特产毛尖茶叶会因为长在核电厂附近而不被市场接受，而当地水源地也将受到高辐射的污染" 。而这个反建群里，只有一位学核电设备制造专业、毕业后在上海工作的网友对家乡建核电厂持赞成意见，"不会有安全问题，而且核电厂对信阳的经济发展是个机会。"但其余所有的网友都站在了他的对立面。

3. 屡遭挫折的内陆核电

美国加州大学伯克利核能研究中心副主任、美国核协会材料分会常务理事、厦门大学能源研究院院长李宁博士早在 2009 年便指出，中国大陆已建好和正在建设的核电厂走的是世界上成熟的商业化路线，中国核电技术已处在世界先进行列，事故发生率在百万分之一以下。

在信阳核电站建设项目中，作为建设方的中广核集团采用了当时世界上技术最为成熟的压水堆，核岛内采用燃料包壳、压力壳和安全壳 3 道屏障，能承受极限事故引起的内压 、高温和各种自然灾害。但即便如此，当地民众激烈反对的情绪依然成为了核电站建设过程中最大的障碍，工程不得不被迫停止。

2011 年，日本福岛核事故出现，全球震惊，整个中国内陆核电的脚步都慢了下来。2012 年，国务院常务会议做出要求，"十二五"期间不安排内陆核电项目。自此，内陆核电进入蛰伏期。2016 年两会期间，出席十二届全国人大四次会议的湖南代表团部分代表联名向大会递交《关于十三五初启动内陆核电建设的建议》，呼吁 2016 年内启动湖南桃花江核电厂建设。该建议说，桃花江核电项目已累计完成固定资产投资超过 43 亿元，各项准备工作均领先于其他内陆核电项目，完全具备了开工建设的条件。但此后发布的一系列规划文件，对不断呼吁重启内陆核电的省份浇下一盆冷水。

《十三五规划》中"建设现代能源体系"章节提及"以沿海核电带为重点，安全建设自主核电示范工程和项目。具体到能源发展重大工程，规划提出：建成三门、海阳 AP1000 项目。建设福建福清、广西防城港"华龙一号"示范工程。开工建设山东荣成 CAP1400 示范工程。开工建设一批沿海新的核电项目，加快建设田湾核电三期工程。积极开展内陆核电项目前期工作。加快论证并推动大型商用后处理厂建设。核电运行装机容量达到 5800 万千瓦。在建达到 3000 万千瓦以上。加强核燃料保障体系建设，沿海依然是"十三五"期间核电项目开发的重点，内陆项目的方向在于“开展前期工作”。

4. 数年艰难的公众对话

2010 年前后的一系列核电事件，给中国内陆核电的进展再次造成了阻碍。尽管河南核电在公众舆论和福岛核事故双重压力的影响下最终暂停，但留给我国核电企业的任务，不仅仅是消除事故的后续影响，更是寻找公众沟通的新路径。中国核电则以自身的优秀业绩为基础，开展了持续的公众对话，以期构建健康和谐的公众沟通机制。

（1）重视企业社会责任

2010 年前后的国内国际核电事件对中国核电企业造成了巨大的负面影响。因此，形象修复最紧急的任务，重新建立企业愿意承担社会责任，富有公共精神的公众形象。因此，中国核电建立了专项社会责任信息披露平台，开设了社会责任报告作为信息公开披露的新窗口。自 2011 年以来，已发布 8 期社会责任报告，发布方式追随时代需求，从倾力安全、给力环境、助力经济、致力人文等维度，全面、真实、客观地逐年披露中国核电在履行社会责任方面的实践与绩效。

（2）积极开展企业与公众对话

在重建企业社会责任公信力的同时，中国核电积极开展了一系列与公众的积极对话。其一，主动邀请中央和地方主流媒体及微平台大咖走进现场，以新闻发布会、媒体见面会、拍摄纪录片等方式，利用媒体平台传播面广、权威性强、客观公正等特点，向公众传播发布信息；其二，建立专业化的核电讲师沟通队伍，开展了包括举办“魅力之光”、开放核电基地参观等一系列活动。通过对核电知识的科普性传播，积极展开与公众的对话，在加深了解的同时降低公众对核电误解和防备心理。

（3）多元沟通渠道的建设

中国核电建立了全方位核电信息发布平台矩阵，开放了双微端口，通过网络信息公开、媒体信息公开、社会责任报告发布、新闻发布会和媒体见面会等途径向公众及时公开发布运行指标、环境监测、三废管控、辐射防护等公众关切的核电厂相关信息，主动接受公众监督，使利益相关方能够第一时间全方位了解公司重要信息。我们以坦诚的态度和现代化的技术手段，保证信息透明度和时效性。网上信息公开。我们借助中核网、中国核电官网等互联网信息渠道，保证各在运核电机组相关信息的及时披露发布，保障公众对核电厂机组运行情况、安全状态的知情权。

(4)创建核电沟通样本指南

在具体工作执行层面,中国核电也积极创建了核电沟通的范本。围绕着公众参与这一核心,将公众纳入到贯穿核电厂选址、建造、调试、运行和退役等一系列主要阶段。如在三门核电厂的前期工作中,中国核电高度重视并积极配合项目所在地人民政府实施公众参与,如公众问卷调查、公众沟通座谈会等,了解并回应公众意见,有计划、有步骤地开展各环节沟通工作。通过开展科普“十进”(进政府机关、进农村、进妇联、进团委、进科协、进教育系统、进媒体、进行业、进社区、进公益爱心)等活动,“政企联动”提高公众沟通效率,最大程度上化解公众对核电的误读和担忧。

5. 艰难共识下的沟通方向

2018 年,距离当年的河南核电舆情已经过去了将近 10 年。在这 10 年间,虽然核电在漫长的普及过程中,“谈核色变”的状况已经有所改变,但随着公众参与社会公共事务管理的意识逐渐增强,加之媒体多元化和互联网普及,核电发展面临着公众考验的“新常态”。国家对维护公众在重大项目中的知情权、参与权和监督权也愈加重视,公众意见已成为核电项目能否落地的决定性因素之一。尽管中国核电有着三十多年的安全发展经验,但许多公众对核电依旧了解不深,甚至存有误解。在核电项目决策和实施过程中,只有积极搭建政府、公众、企业、社会团体等多方对话平台,做好公众沟通并赢得其支持,才能为核电健康快速持续发展创造良好的舆论氛围和社会环境。

(1)正确的危机公关预案与应对策略选择

2010 年大亚湾核电厂所谓的“泄漏”事件是公共沟通策略选择的一个典型案例。虽然当时的情况远不到需要上报的程度,安全性也有足够的保障,但面对公众恐慌,发表紧急声明的却是大亚湾核电站第二大股东香港中电,其又和核电厂利益相关,又明显公信力不足,不仅无法平息公众误解,甚至引发了更大规模的恐慌。这为当今的核电企业提示了公共传播的重要方向——在 2010 年自媒体尚不发达的传播环境下,错误的危机公关应对策略显得尤为重要。在面对当今社会全媒体时代,公民媒介素养有了较大提升,对知情权、参与权有了更具体要求的情况下,做好危机公预案(包括谣言、政策误读等)是至为关键的一步。

(2)持续打造好的形象

核电企业作为市场的主要参与者,尽管产品特殊,也需要遵循现代市场和现代企业的发展要求,摸清发展规律。在这一点上,中国核电“魅力之光”的社会公益活动以及利用核工展卡通形象的自我宣传就是公众沟通的良好范本。首先，通过参与中学生的基础教育，逐步消除公众对核电的陌生感和恐慌感；其次，通过一定比例的选取欠发达地区的学生作为参与和资助的群体，极大地树立了企业极具社会责任感的良好形象，有利于在观念上赢得普通公众的支持；第三，通过多种社会活动，极力争取正面信息的高频次曝光，能推动公众逐步放下对核能的戒备。

（3）持续建立好的机制

结合核电公众沟通工作的现状及问题，中国核电自 2013 年以来，全力打造了“总部统筹、上下联动、专业支持”的公众沟通一体化工作机制，围绕机制统一化、传播广泛化、受众精细化，培养高素质的公众沟通队伍。在灵活的工作机制指导下，建设了一批科普宣传示范基地，进一步完善核电各单位科普宣传网络，有序推进核电各单位科普宣传工作统筹运作，提高社会公众对核电的认同感和接受度，为核电安全高效发展提供良好的舆论氛围和社会环境。编制了中国核电的公众沟通指南 ，围绕向谁沟通、怎么沟通、沟通什么，形成了科普宣传、公众参与、信息公开、舆情应对的标准流程 ，建立了公众沟通的产品库、人才库、口径库。建立中国核电公众沟通的领导小组和工作机构 ，形成了新闻发言人、宣传专员、科普讲解员三只专业团队，建立了数字化的公众沟通和信息共享平台 ，机制与资源上提供保障，每年定期举办专业培训。针对不同人群的需求，制定不同的沟通方案；打造中国核电的公众沟通品牌；参与社会公益，创作具有亲和力、影响力，易于传播企业沟通形象。这一整套高效沟通机制整体而持续的建立，为企业与公众的沟通工作提供了极大的助力。

回顾世界核电发展历程，三次核事故使全球核电发展受到重大影响，但也成为深化核电公众沟通的契机。2015 年，在中共中央制定“十三五”规划建议中，核电“走出去”重新上升为国家战略。而如何赢得并巩固公众信任，始终是一个需要不断创新解决的问题。

二、江门：核燃料项目事件的背后成因

1. 事件概述

2013 年 7 月 4 日，广东省江门政务公开网发布题为《中核集团龙湾工业园项目社会稳定风险评估公示》的通知公告。公告一经发出立即引起当地公众的关注，江门地方网络论坛对此展开了热烈讨论，随后各大主流媒体相继跟踪报道，网络上对于此事的关注度逐步提高，群体迅速扩大到全国网民，负面和反对言论不断攀升。

7 月 11 日，新浪微博有网民发表“五邑同乡会将在 7 月 12 日组织一次反核集体散步活动”

的消息，号召同乡、百姓参加该活动，并公布了活动时间及路线图，舆情由“线上”发展到“线下”，从网络热议的话题发展为群众集会事件。

7 月 12 日，广东江门爆发反核游行活动，大量群众（约 1000 人）聚集街头，举着写有“反对核污染，还我绿色家园”等标语的横幅，抗议政府在江门建核燃料基地。江门市委、市政府于当日就反核游行进行了回应，提出“稳评”公示延长 10 天至 7 月 23 日，以更广泛深入地听取群众意见。

7 月 13 日，公众的“反核”情绪依然高涨，迫于公众舆论压力，江门市政府应急办官方 09:59 发博称，经市委、市政府慎重考虑，中核鹤山龙湾项目不予申请立项，终止引进。

7月 14 日，江门市政府以公告形式发布红头文件“江府告[2013]1 号”，取消鹤山核项目。不少公众担心这只是政府的缓兵之计，日后项目将改头换面卷土重来，约 800 名江门市民 14 日再次到市政府门口表达诉求，敦促政府信守承诺。江门市副市长黄悦胜向公众表示，项目已经取消，不会再上马，亦绝不会以另一名义上马，公众最终散去，此次事件趋于平息。

2. 原因分析

江门核燃料项目事件的重要特点在于，事件的发展变化速度非常快。从事件的开始到事件的最终解决，一共用了 12 天时间。民众的情绪如此快被激化，进而采取游行的措施来表达自身诉求，主要包括以下原因。

（1）公众认知存在较大偏差

作者通过访谈调查发现，在涉核项目的传播过程中，原子弹爆炸与切尔诺贝利、福岛核事故氢气爆炸的画面，成为许多人心中的刻板印象。数据显示，有超过 20%的人将核电站与原子弹混为一谈。核燃料厂属于低风险项目，但在江门核燃料厂项目群体事件发展的过程中，“江门核危机”微博话题群受到了民众的极大关注，其话题头像便是我国早期核爆炸的“蘑菇云”画面。这种意象加重了民众心里的恐慌情绪，并随着上千人对话题的关注与转发，造成了不好的影响。面对这一问题，当地政府对这一认知偏差准备不足，未能及时、充分地消除民众对核燃料厂项目的偏见。尤其在项目前期，公众对核燃料相关知识不了解，提及该燃料厂项目想到的都是核污染、核泄漏等。缺乏相关知识，导致公众没有理性的思考和分析能力，迅速成为负面信息的接受者和传播者。

（2）未能取得关键群体的信任

在核能项目建设过程中，部分群体在政府与民众的沟通过程中起着特别关键的作用。例如，政府人员等接触项目信息较多，而一旦传播负面信息，对民众的影响则会更大；网络活跃分子，尤其是大V通过论坛等新媒体能快速、广泛地传播信息，影响力较大。在本次事件中，针对党政机关干部和部分事业单位人员的沟通不足，甚至还存在一定的误解。政府、企业与网络群体间前期沟通交流不充分，解除疑惑的机会没有充分发挥，双方没有建立足够的信任基础，来预防群体事件的产生。

（3）外部力量推动事件的发展

江门核燃料项目开始后不久便吸引了部分香港、澳门以及海外侨胞的关注。这些外来关注对当地政府施加了巨大的压力，并通过网络等手段对江门当地民众带来了一定的影响。由于没有及时、完全澄清民众对核燃料厂“周边100公里范围内都会受到不良影响”的误解，除建造地鹤山市以外，周边的许多地区都认为自己承担了项目建设的潜在风险，而自身的权益没有得到保护，进一步产生了相应的权益保障诉求。在江门核燃料群体事件发展过程中，项目所在地鹤山市反应平静，而周边城市民众的反应反而更激烈。调查表明，在广场聚集事件中，参与民众主要来自于香港、澳门、广州、佛山、中山以及江门所辖恩平、新会等城市。此外，还有香港、澳门及海外侨胞组织向政府表达了要求取消项目的诉求。

（4）事件处置的方式有待改进

在网络刚开始出现较多的反对意见时，政府采取的是诸如删除帖子、关闭话题等信息限制措施，同时又缺乏对舆论的主动引导和正面信息的传播铺垫，因而使项目产生了较大的神秘感，进而使民众对项目风险的判断产生了偏差。随后在民众进行了游行、集会等活动后，政府的态度开始趋于软化。但在科学的决策体制尚未完全建立的情况下，忽略了社区居民自治应有的原则，没有通过恰当的决策程序将民意纳入考虑并加以甄别，决策后又出现反复，造成政府公信力的缺失，就有可能出现“不闹不解决，小闹小解决，大闹全解决”的现象。个别网络上较活跃的居民意见，就可能彻底改变政府的重大决策，从而影响到社区其他居民的切身利益。

三、连云港：核循环项目舆情的层级演化

1. 事件概况

2016年7月28日，中国核网发表文章《总投资超1000亿的乏燃料后处理大厂或落户连云港》称，7月26日，中核集团和国防科工局领导再赴连云港对相关合作项目进行交流，该投资超千亿的大厂或许落户连云港。

2016年8月1日至4日，百度贴吧连云港吧、连云港城建吧、赣榆吧和东辛农场吧等陆续出现关于连云港修建核废料处理厂的讨论发帖，网络舆情开始持续发酵。8月6日晚，有连云港市民街头聚集抗议。8月7日下午6时，连云港市政府紧急召开新闻发布会称，目前核燃料循环项目处于前期调研和厂址比选阶段，尚未最终确定。8月8日晚，连云港再次爆发市民街头聚集抗议。

8月10日凌晨1点30分，连云港市政府新浪官方微博“连云港发布”发布称，“连云港市人民政府决定：暂停核循环项目选址前期工作。”连云港市政府官网也同步发布公告，随后舆情开始减弱并逐渐趋于平稳。

2. 原因分析

（1）公众对后处理知识不了解

虽然田湾核电的建设使公众有了一定的核电知识基础，但公众对核循环项目了解不多，缺乏相关知识了解渠道，对于后处理技术本身可能存在的风险心存疑虑，以至于“核循环项目就是核废料处理和掩埋处置厂” “核循环厂会发生波及500千米的大爆炸”等一系列谣言横行网络。别有用心者借此误导网民对我国核产业、核政策的质疑和抵触，甚至煽动对政府和社会的不满。

（2）后处理的科普宣传时机需前移

项目初期可研阶段，选址工作的重心主要是与地方各级政府沟通，获得地方政府的支持与配合。在连云港舆情事件爆发时，公众沟通工作尚处于策划和准备阶段。虽然开展了一些科普宣传工作，但范围和力度相对有限，向社会公众推出的正面信息也相对较少，受到负面信息先入为主的影响，公众对项目产生抵触心理。

（3）不实报道成导火索

7月28日，中国核网发了一篇《耗资超1000亿的核废料后处理大厂或落户连云港》的报道。该新闻存在两大问题：一是标题使用“核废料”，用词不准、混淆概念，并暗示可能会将乏燃料永远留在当地；二是主观推测该项目将确定落户连云港市。该文章发表后被多个连云港地区的公众号与论坛转载，并被进行了不实的延伸分析。

（4）反核文章煽风点火

在连云港部分网民广泛关注“中国核网”的同时，别有用心者反复推送的两篇“反核”文章，即《丧心病狂：把西方核废料运往中国》和《核电是美国系在日本脖子上的拴狗链，却被一个中国人解套了》，妄加猜测说要把国外的核废料运到连云港处理，恶意夸大核活动将毁灭全人类等煽动性语言，并配发惊悚和令人恐惧的夸张性图片，对我国核能政策和本项目进行肆意攻击。这些文章在该市通过朋友圈迅速转发扩散，传阅数量极大，造成了部分网民和群众的恐惧，继而引发不满情绪。

（5）谣言激化公众情绪

随着事态的不断扩大，涉核谣言开始出现，并迅速在微博、微信、论坛等社交媒体上发酵扩散，如：连云港会成为世界“核垃圾场”，连云港的“核双黄蛋”，一旦有战争必然成为重点核打击目标，全世界的核废料都将运到连云港进行处理，集会中“警察打死人”等。先是通过夸大危险，将核项目描绘为“洪水猛兽”，又将“政府与企业的反应”恶意解读，运用煽动性语言诉诸悲情，谣言惑众，引导公众采取过激行动。

第三节 发人深省的三次事故

一、美国：三哩岛核事故

1. 事故概述

三哩岛 Three Mile Island，是美国宾夕法尼亚州哈利斯堡（Harrisburg）东南约 18 千米外萨斯奎哈纳（Susquehanna）河中的岛。1978 年 4 月，在这座岛上伫立起 4 座 164 米高的巨大冷却塔，冷却塔脚下是两座 95 万千瓦级别的轻水压水反应堆（见图 3-3）。这两台核电机组每小时能产生超过 190 万千瓦时的电能，而同时，有相当于约 380 万千瓦时电能的热量随着冷却塔上乳白色的水蒸气被带到空中。三哩岛核电厂在当时是一个巨大的能源基地，完整体现了美国的繁荣昌盛。然而一年后，这个巨人彻底化作浮云。

图 3-3　美国三哩岛核电厂

1979年3月28日凌晨4时，三哩岛核电厂发生了美国历史上最严重的一次核事故（Three Mile Island-2），简称 TMI-2。这次事故的等级最后被定为 5 级，即放射性物质“有限泄漏”。据美国放射问题专家欧 · 斯顿格拉斯教授说，核电厂逸出的放射性物质，相当于一次大规模核试验的散落物。

事发后，全美震惊。核电厂附近的居民惊慌失措，约 20 万人逃离这一地区，不少人逃到 12 英里外的赫斯恩公园。为防止反应堆可能发生氢氧爆炸的严重后果，宾夕法尼亚州政府在体育馆设立了一个撤出中心。电站周围适应力范围内的学校全部关闭，5 英里范围内的孕妇和儿童统统撤出，居民躲在市内，门窗紧闭，不得外出。事态的发展并无撤退的必要，但仍有五千到上万人由于害怕，自动从电站附近逃离。这一切造成了很大的社会和心理不安。

由于三哩岛的反应堆有几道安全屏障，因此在事故现场无伤亡事件发生，只有 3 人受到了略高于半年的容许剂量的照射。有关机构对周围居民进行了连续跟踪研究，结果显示，在以三哩岛核电厂为圆心的 50 英里范围内的 220 万居民中无人发生急性辐射反应；周围居民受到的辐射相当于进行了一次胸部透视的辐射剂量；此次事故对周围居民的癌症发生率没有显著影响；附近未发现植物异常现象；当地农作物产量未发生异常变化；但泄漏事故造成核电厂二号堆严重损毁，直接经济损失达 10 亿美元。虽然该事故没有对公众造成安全与健康影响，却成为美国核能工业由盛转衰的转折点。

其实该事故最大的影响是它所造成的社会和心理的震动。美国各大城市的群众和正在修建核电厂的地区的居民纷纷举行集会示威，要求停建或关闭核电厂。美国 90 个和平、环保、劳工和宗教组织还决定向华盛顿进军以示抗议。西德、瑞典、瑞士也有类似情况发生，日本等国还派专家到美调查了解。美国和西欧一些国家政府不得不重新检查发展核动力计划。美国总统卡特视察了三哩岛后说，由于该事故的发生，必须"重新评估"今后的"做法"。

2. 公众失去对核能的信心

当日上午 7 时 45 分，美国核管理委员会设在宾州普鲁士王市的办公机构接到消息，15 分钟后，该机构位于华盛顿特区的总部发出警报，其行动中心动员起来，并派出一队人员前往出事地点。与此同时，美国能源部、环境保护署也动员各自部门的反应部队。9 时 15 分，白宫接到了通知。11 时，所有无关人员被要求撤离核电厂。一场美国史上前所未有的核危机逐渐拉开帷幕，恐慌情绪蔓延到整个美国。

但最初传出的信息是模糊而矛盾的。运营三哩岛核电厂的公司称局势可控，但该地所属市的市长办公室官员在向白宫报告时却表达了对形势恶化的担忧，甚至担心发生氢气爆炸。在距离核电厂 10 英里外的哈里斯堡，宾州新州长正为是否马上将可能受到影响的 60 万民众转移而苦恼，助手们在这个问题上意见不一。在 100 英里外的华盛顿，美国核管理委员会的官员也很焦虑，他们迫切需要可靠的信息，以便引导地方官员，并向总统提出建议。

如果说前 48 小时低估了事件的危险性的话，美国核管理委员会随后又走向另一个极端：发布关于核泄漏危险性的报告。正是在该机构的建议下，30 日，宾州州长下令核电厂方圆 5 英里内的孕妇和儿童撤离，10 英里内的学校全部关闭。但很多人举家出逃到 12 英里外。全美国为此震惊，附近有核电厂以及在建核电厂的城市，民众纷纷集会示威，要求停建或关闭核电厂。首都华盛顿到处是反核标语。

作为一名核工程师，美国总统卡特得到消息后并没有慌张，他委派美国核管理委员会的一名官员代表他去了哈里斯堡，试图挽回公众信任危机。

但随着美国媒体和国际媒体连日来将三哩岛事件作为头条新闻报道，一些著名的美国媒体人开始用"恐怖"这样的字眼描述该事件，还称"情况会更加糟糕"，4 月 1 日，卡特亲自视察三哩岛核电厂。就在这次视察后不久，美国的各路专家得出一致结论：氢气爆炸基本上不可能，危机基本解除了。

虽然最终证明是大家虚惊一场，但民众对核电的信心却因此而受重创。

事后调查发现，除了设备本身的问题外，三哩岛事故的发生与一系列人为操作失误有很大关系，而且事故产生的重大破坏力量主要在反应堆内，对于外界的辐射出乎意料地小。以在事故中泄漏的放射性碘的影响为例，它比之前的预想小得多，只有美国核管理委员会假定的三千分之一，居民所受辐射剂量如此之小，甚至可以忽略不计。到 1980 年 4 月，美国核管理委员会裁定，三哩岛事故不是一次"非常核事故"。

尽管三哩岛核事件没有造成一个人死亡，也没有导致核电厂被毁，但该事件的影响巨大。仅仅一年前，一位名叫赫伯特 · 英哈伯的加拿大科学家还发布报告，信誓旦旦地称，他通过严密分析得出结论：一个人死于一场核事故的可能性要"小于被陨石砸中的概率"。但灾难这么快就降临了。更巧合的是，在三哩岛事件发生前两周，一部名叫《中国综合症》的电影在美国上映，该片描述的正是美国核电工厂发生核泄漏的故事。

3. 引发全球性核电恐慌

三哩岛核事故震动了世界，引起了一些拥有核电厂国家的关切。美国核管理委员会向 25 个国家发出了通报。西德、日本、法国、瑞典、加拿大等国的专家都到现场了解情况。各国反核人士带领各种团体集会游行，并进行了大大小小的反核运动，要求停建核电厂。连法国内阁和西欧共同市场也开会研究吸取三哩岛事件的教训和核电厂的安全问题。美国核电力评论家拉 · 纳德尔甚至认为："这是美国核电力工业末日的开始。"

哈里斯国家电话调查结果显示，三哩岛事件发生后当年的 4 月 4 日、5 日，哈里斯国家电话调查结果，52% 的美国人赞成建设更多的原子能电厂，42% 的美国人反对。而在 1978 年 10 月，赞成的是 57%，反对者为 31%。4 月 8 日，华盛顿邮报发表了公众对三哩岛事件的投票结果，赞成者为 38%，反对者增加到 28%，而在 3 月 28 日前，赞成原子能电厂的是 38%，反对者仅 18%。从这两种调查结果可以看到，三哩岛事件发生后，反对建设原子能电厂的美国人比例有所增加。

由于三哩岛事故，民众对核电的信心受到相当大的打击，核泄漏和核武器试验使得普通美国人对核辐射产生强烈担忧，核电和核能成了一个备受批评和攻击的议题。在当时，核能和核电已经具有不可替代的影响力，毕竟在经济上它相当便宜，而且核能使得美国部分摆脱对石油进口的严重依赖。但三哩岛事件后，卡特的顾问们不得不屡次提醒卡特，如果发表赞许核能的讲话，无异于政治自杀。这时，曾经拥护核能的人士也纷纷闭口，美国核管理委员会匆忙宣布暂停颁发新的核电厂营造和运行许可证。1979 年年底，卡特表明政府态度："核能应当作为最后一种可供选择的能源。"从某种意义上说，三哩岛核电厂成了反核运动的"集结号"。正是从 1979 年起，美国方兴未艾的核能产业一下子变得"功能失调"起来，尽管后来不断有人宣传"核能复苏"，但直到 2012 年初美国核管理委员会才批准在佐治亚州修建一座新的核电厂，这是美国自 1979 年"三哩岛事故"发生 30 多年后所建的首座核电厂。

由于核电生产不安全和对环境的污染，核电事业遭到各国群众的反对，使核电问题在西欧国家成为一个政治问题。瑞典社会党政府在 1976 年就因核电政策遭到反对而垮台。三哩岛事件发生后，英、法、德、瑞典的在野党提出反对兴建核电厂的要求，有的要求就此问题进行公民投票。奥地利政府就是在公民投票否决后，决定停止使用奥地利第一座核电厂。日本群众集会反对核电厂的生产，但是日本政府无意放弃其原定的发展核电厂的计划。2011 年 3 月 28 日，在韩国的首尔，环境运动联合会员举行记者会，呼吁韩国政府中断扩建核电厂的政策。当天是美国宾夕法尼亚州三哩岛 (TMI) 核电厂事故 32 周年纪念日。

4. 公众核安全疑虑形成原因分析

（1）核安全事故概率分析不够科学

美国核电工程师们严重低估了重大核事故发生的概率，通过计算所有能想到的错误及其产生的后果来估计重大核事故发生的可能性，这样根本无法预测所有可疑因素，也忽略了人为的破坏。他们通常都假设核电厂达到了设计要求和管理规范，操作均符合规章，但核电发展史上大量事实表明，核电厂的施工建造和操作运转并不总是符合标准和规章。还有许多其他不切实际的假设，例如在美国的概率风险分析中，反应堆压力壳破裂导致事故发生的情况通常被假设为完全不可能发生，而三哩岛核事故则印证了他们概率分析中的缺失。

（2）安全问题被轻视

美国的一些核电厂宣传核电厂发生事故的机会是百万分之一。从美国建立核电厂的二十二年历史来看，核电厂运行事件层出不穷，而三哩岛核事故则是最严重的一次。

（3）信息不畅导致事故被放大

这次事故的直接后果并未造成人员伤亡，经济的损失和环境的污染也有限。在资本主义国家，一系列复杂的社会斗争利用了这次事故，从而扩大和渲染了它的影响。大致可概括为两种情况。一种是各种政治派别和经济财团利用这一事故来打击对方，抬高自己，操纵舆论，笼络人心。法国、德国的在野党利用这次事故，反对政党的核政策。瑞典前首相菲尔丁是因为反对发展核动力而下台的，这次则同样也到处活动，反对核电，把三哩岛事故变成政治斗争的一张牌。一些石油、煤炭、电力等通用能源的财团和公司一直受到核电成本逐年下降的威胁，更是把三哩岛事件作为筹码，推波助澜，大加挞伐。特别是，他们又都举着保护人民、保卫环境的堂皇旗号，有着较强的舆论号召力。另一种情况是，资本主义国家由于长期执行核威慑政策，宣扬核恐怖，使一些人对核工业、核动力产生害怕心理，一直存在着反对核电厂、视核电厂为不安全的社会势力。

当时以美国为首的核霸权政策尤为突出，他们的政策主要表现在四个方面：

一是执意坚持首先使用核武器的核威慑政策，这是造成一些国家核恐惧与一些地区核扩散的主要根源。

二是继续坚持发展和部署导弹防御系统，这将破坏核大国战略稳定的基石，从而埋下核竞争的隐患。

三是一直不批准《全面禁止核试验条约》，成为该条约早日生效的主要阻碍。

四是在防核扩散政策上执行双重标准，对一些国家如朝鲜、伊朗和伊拉克等国采取制裁、封锁和军事打击的政策，而对另一些国家如印度、以色列等国则采取默许、甚至是庇护的政策，这显然为国际社会的有效合作设置了障碍。

这次事故和宣传攻势既迎合了这种心理状态，又为这种社会势力所利用，因此就大大扩大了它的社会影响。只有从社会的、心理的各个角度去分析这次事故的全部，才能剖开种种“巨大影响”的假象，正确地认识这个被放大和被变形了的事故本身。

（4）气泡危机

3 月 30 日早晨，所有乐观的保证被核电厂上空意外泄漏的放射物吹得烟消云散。美国核管理委员会发言人说，从清晨开始工人就一直在清除从泵房里流出的放射性水。媒体很快就有了工厂泄漏“不可控制的新放射物”的报道，《纽约邮报》的新闻标题则是《核泄漏失控》。但该公司管理人员还在坚持说，应急后备系统已按计划运行，什么也没有失控。电力公司管理人员第一次承认核反应堆堆芯没有冷却下来，虽然他们已经向公众保证了 3 天。对人们想了解更多信息的要求，电力公司副总裁则很不耐烦。

在哈里斯堡，宾夕法尼亚州州长小心地避免发表任何可能引起恐慌的言论，但仍决定应该警告三哩岛核电厂附近的居民，需要采取谨慎的预防措施。稍后不久，他要求 16 千米半径以内的所有居民待在家里，并关闭窗户（事实上那样难以预防辐射）。然后，他敦促 8 千米半径内的孕妇和学龄前儿童撤离该地区，并关闭了学校。他同时通知该地区周边约 90 万居民做好撤离准备。哈里斯堡机场因担心辐射危害而关闭了数小时。

为什么该地区居民可能会被全部疏散？美国核管理委员会的官员说，核反应堆意外产生了约24.92立方米的氢气泡，且处于一种高温和高压状态，这样存在一种微小但可怕的可能性：氢气泡会增大到足以堵塞水循环。那样，堆芯的温度将会上升到足够开始熔化的程度，那将需要采取更大范围的撤离措施。当时气泡问题还没有进入核电工程研究领域。如果核反应堆中的氢气泡数量仍保持不断增加，将会达到这样一种状况：只要有火星，就会引起氢气爆炸。如果爆炸的强度足够大，堆芯容器就会破裂，安全壳的水泥墙也会破裂，周围地区将面临放射物泄漏的危险。美国核管理委员会的一位官员认为，它在某种程度上比堆芯熔毁更加严重。虽然没有感到恐慌，数千居民还是自愿地离开了这一危险区域。之后，通用公共事业公司已成功地排除了大量的氢气泡，专家们研究后认为危机结束了。原本声称这种事故是不可能发生的，可是它却发生了。美国人因此很难对核电行业感到完全放心。

5. 美国核能战略的新动向

三哩岛核事故后，美国核电行业的低迷持续了近三十年。在这期间，一些严肃学者的研究也悲观地认为人类可以也应该彻底放弃核电。1999年美国能源环境研究所出版的《The Nuclear Power Deception》一书就代表了学术界彻底反对核电的一派观点。两位作者通过美国核电诞生和发展的历史试图说明，核电不仅危险而且经济性也值得怀疑，因而国家不应该继续投入未来核电技术的研发，而应转向其他"更有前途的"可替代核电的能源技术。然而，在这本书出版的同一年，美国能源部（DOE）和国会却出人意料地批准了一项新的"核能研究计划（NERI）"，它标志着美国政府新一轮的核能发展计划开始实施。

NERI计划的目的就是通过支持核能研发，振兴美国核电行业，保持美国核能技术的领先地位。而且随后几年，一系列后续政策的出台都清楚地显示出美国政府此番推动核能发展的行动是认真而切实的。反核人士的观点最终被事实所抛弃，其原因并不难理解，因为核电从诞生之日起就不可能被当作一个仅仅满足电力装机容量的普通民用企业。

6. 美国核电行业做出的改善

三哩岛核电厂事故后，美国核电行业针对公众做了一系列改善，包括提高应急准备水平，有重大事故时应立即通报美国核管理委员会，同时，美国核管理委员会成立24小时值班的运营中心；建立定期公开报告制度，包括美国核管理委员会视察核电厂的报告、电厂绩效、管理效果等；由美国核管理委员会的高级管理人员对核电厂的性能进行定期分析，辨识出需要加强监管的问题；成立了美国核动力运行研究所(INPO)，以提供技术支持和同行评审，加强核电厂之间的经验交流；成立了美国核能协会 (NEI)，以利于和美国核管理委员会等政府机构及国会沟通。

7. 公众沟通的良好实践

三哩岛核事故后，一度因政府沟通不畅以及媒体混乱报道引起了民众的巨大恐慌。但随着一系列举措及调查结果的发布与结论的相互印证，极大地缓解了民众的不安情绪。

一是权威报告的发布。当时联邦及当地政府的多项大型调查都集中在三哩岛核事故上。而最重要的两个调查团队三哩岛核事故总统委员会和 NRC 特别调查小组，两个团队得出的结论在很多方面都很相似，这极大地提高了事故结论的公信度。

二是改善公共信息。公众事务、社会接触及新闻媒体的关系都在事故后得到了拓宽，成立了公共事务代表组来应对市民、市长、监察人员、政府委员及其他城镇官员。这些代表参加市政会议，讨论问题，回答疑问，负责与市政及区县官员保持联络，直接传递实时信息以及要向公众传达的紧急情况。

三是加强与社区领导的沟通。及时、有效地向社区领导通知三哩岛的情况与计划尤为重要。这些领导几乎每天都可以到三哩岛观测中心听取简报，参观救援行动。这些安排可以是公众事务代表们的个人邀请，也可以是公众的特殊要求。观测中心员工每天早上、下午、晚上都要安排简报和参观时间计划。

四是接受公众的现场参观。1979 年 7 月 7 日—1980 年 2 月 29 日，超过 4.7 万人参观了三哩岛观测中心，平均每个月有 6000 人，而事故前每个月只有 1400 人。三哩岛观测中心已经成为一个旅游景点。来访者不仅可以看到短片及展览，还有机会与公司代表讨论核能相关问题，并提出疑问。观景台可以清楚地看到三哩岛电站设施，尤其是二号机组发生事故后，一号机组一直保持着安全稳定运行增强了公众的信心，此外，观测中心也可以满足学生及其他研究人员的信息请求。

五是定期发布公开简报。三哩岛地区及其他地方经常会有公开简报。宾夕法尼亚州环境资源部简报代表与三哩岛核电厂官员共同努力让公众获得电站状态的实时信息及当前计划，并用图表进行澄清解释，回答听众的疑问。这样的简报一般 3 ~ 4 周举行一次。社区报告宣传册被广泛应用于社区关系计划，都是以第三人称进行陈述，对事故、三哩岛项目各个方面及其他公众关心的焦点进行详细解释。

六是加强媒体沟通。通过公众知情权计划，三哩岛核电厂建立了新媒体关系小组，可以在任何时候回答媒体的提问，针对当前发展发表声明，组织媒体简报及核电站参观。

8. 小结

三哩岛核事故作为核电发展史上第一次堆芯熔毁事故，在事故初期由于应急管理混乱、信息沟通不畅、媒体不实报道，造成了事故处理混乱、民众高度恐慌。但随着NRC的直接介入，事故应对开始有效开展，遏制了事故的继续恶化。同时，政府部门和企业也意识到公众意见是保证事故后恢复策略顺利执行的关键。因此，主动、多渠道地公开事故信息，加强普通民众与社区领导的沟通工作，接受现场参观等措施，有效地向公众传递正确、真实的事故信息，稳定民众的不安情绪，同时塑造积极、正面的企业和政府形象。

事故后，联邦政府与地方政府都有针对性地开展了事故原因调查，调查结果的公开发布与调查结论的相互印证，也增强了调查结果的公信度。而NRC针对事故暴露出的问题，有针对性地制订了改进行动计划，并公布了具体的政进举措和时间规划。这些举措都对逐步恢复民众利用核能的信心起到了积极作用。

二、苏联：切尔诺贝利核事故

1. 切尔诺贝利核电厂相关信息

（1）地点

切尔诺贝利核电厂位于现乌克兰共和国（原为苏联的加盟共和国）首都基辅市北130千米处，第聂伯河支流的普里皮亚特河畔，靠近白俄罗斯共和国边界。建核电厂前，这里人口密度较低，大约70人/平方千米，核电厂处于白俄罗斯—乌克兰大森林地带的东部，周围是一片平坦的风景区。

20世纪70年代初，苏联选址在这里建造核电厂，一期两个机组于1977年建成发电，二期两个机组于1983年建成发电，到1986年核电厂拥有RBMK-1000共4台机组，原计划再建两台（5、6号）机组，4号机组事故后被迫停建。

（2）堆型

RBMK-1000核电机组采用的是苏联独特设计的大型石墨沸水反应堆，用石墨作慢化剂，石墨砌体直径为12米，高7米，重约1700吨，沸腾轻水作冷却剂，轻水在压力管内穿过堆芯而被加热沸腾。堆芯石墨砌体中间孔道内可装1680根燃料管。反应堆是双环路冷却，每个环路与堆芯 840 根燃料管的平行垂直耐压管相连，堆芯入口处冷却剂温度为 270 ℃进入燃料管道，向上流动，被加热局部沸腾，汇流到一边两个的四个汽包中，汽包中的蒸气直接进入汽轮机厂房，两环路各对一台汽轮发电机组（一堆两机）各发额定功率一半的电功率（4 号堆供汽给 7 号和 8 号汽轮发电机组）。

切尔诺贝利核电厂采用 RBMK 反应堆堆芯堆体结构，与苏式石墨生产堆的结构极为类似，反应堆厂房只不过是一个普通工厂的大车间，至多只是一个没有门窗的“密封厂房”而已，根本没有“安全壳”。同时反应堆是压力管式，由压力管承压，石墨砌体直径很大，所以也没有压力壳。

（3）不安全因素

RBMK 石墨沸水堆设计本身存在着安全隐患，是堆设计中留下的缺陷，也是这次事故的内在原因。不安全因素如下。

①低功率下堆处于不安全工况，因为这种堆冷却水可沸腾产生空泡，而堆芯设计成有正的空泡反应性系数，即空泡增加，反应性（功率）增加，又导致空泡数增加，堆就会失控非常危险，好在高功率情况反应性燃料温度系数是负的，在满功率下功率系数是负的、堆是安全的，但在 20% 满功率运行时，功率系数会变成正值。因此，运行规程中不允许堆在低于 700 兆瓦热功率下运行；

②冷却剂泵功能扰动或泵气蚀，空泡增加，在正空泡系数的情况下，会放大其效应，燃料通道的损坏会引起局部闪蒸，引入局部正反应性，并会在堆芯中快速扩展；

③大量的在 700 ℃左右运行的石墨，遇水将起激烈的化学反应。

1986 年 4 月 26 日发生灾难性事故的是核电厂 4 号机组，该机组建成、投入运行是在 1983 年 12 月，热功率 3200 MW，核燃料浓缩度为 2.0%，堆芯中共有 1659 根燃料组件。1986 年 4 月 25 日前，它一直稳定运行在额定满功率下，按计划 4 月 25 日停堆检修。

2. 事故简况

（1）事故前因

汽轮机“惰转试验”埋下了事故隐患。本来计划于 1986 年 4 月 25 日停堆前，就计划在停堆过程中进行惰转试验，以验证停堆后切断蒸汽供应情况下，利用汽轮机转子的惯性转动还能发出多大电量可供机组本身用电（厂用电），这是一种“挖潜”试验，但在全厂断电，失去外电源的情况，这也就是一种可用电源。在有充分的安全措施和周密的试验大纲的情况下，这种试验可以进行，而且此前该电站其他机组也做过这类试验。试验决定在 8 号汽轮发电机组上进行，且编制了试验大纲。

（2）事故经过

试验于 4 月 26 日凌晨 1 时开始，在试验过程中，由于工作人员违反操作规程（特别是关闭了反应堆的应急安全系统）和反应堆设计中的固有缺陷（如在一定条件下会出现高的正反应性），使得进入反应堆堆芯的冷却水的温度和流量发生急剧变化，导致多数连接锆燃料孔道和冷却水进口钢管的接头损坏，一回路里的高压冷却水大量泄漏，并立即变成蒸汽，发生蒸汽爆炸。

这一爆炸将整个反应堆堆芯抛上至少 16 米高的空中。这时堆芯完全失水，反应性以极快的速度提升，使燃料组件中部的燃料蒸发，燃料蒸气的快速膨胀导致大爆炸，不但摧毁了整个反应堆，而且使整个 4 号机组建筑物顷刻间化为废墟，导致极其大量的放射性物质释放出来。

（3）事故后果

根据国际原子能机构（IAEA）所公布的数据：

①事故后从白俄罗斯、乌克兰和俄罗斯三国撤离了 11.6 万人，最后避迁移居了 21 万公众。

② 释放出的放射性物质的总活度约 12×10^{18} Bq（贝可），其中包括约 $6\times10^{18}\sim7\times10^{18}$ Bq 的惰性气体，相当于 100% 的堆内总量，碘 −131 为 2×10^{18} Bq 相当于 60% 堆内总量，铯 −137 为 9×10^{16} Bq 相当于 50% 堆内总量，铯 −134 为 6×10^{16} Bq，相当于 20% 堆内总量；相当于堆内约 3% ~ 4% 的烧过的核燃料、100% 的堆内产生的惰性气体和 20% ~ 60% 易挥发核素释放到堆外。

③由于释放出来的放射性物质随大气扩散，造成大范围的污染。据估算，事故释放量扩散到各地区的比体大体为：事故现场 12%，20 千米范围内 51%，20 千米范围以外 37%。由于持续 10 多天的释放以及气象变化等因素，在欧洲造成复杂的烟羽弥散轨迹，放射性物质沉降在苏联西部广大地区和欧洲国家，事故后在整个北半球均可测出放射性沉降物。

④事故中被认为患急性放射病，而送入医院者共 237 人，确诊为不同程度急性放射病

患者 134 人。

⑤现场急性放射病死亡 28 人，非辐照原因死亡 3 人，其中 1 人死于冠脉栓塞，总计现场死亡人数为 31 人。

⑥儿童中的甲状腺癌发病率上升，到 1995 年确诊约 800 例。根据联合国有关组织从 1990—1997 年统计，受照的 18 岁以下的人员中诊断了甲状腺人数 1420 例。

⑦未观察到事故辐照而致的白血病发病率有特殊增加。

⑧对环境造成的影响没有传闻中那样严重，生态破坏不像媒体所传言那样。

⑨所幸的是，由于风向的关系，离核电厂最近的大城市基辅水源未被污染。

⑩最严重的是公众精神压力加大，心理损伤严重，焦虑、忧愁、宿命论和“受害者”心态滋生、社会心理影响；很长一段时间公众对建设核电存在很大恐惧，在一些国家有谈“核”色变之虑。

3. 苏联对切尔诺贝利事故的应急处理过程

从 1986 年 4 月 26 日凌晨切尔诺贝利事故发生到 1989 年 10 月苏联政府向国际原子能组织提出进行国际专家评价的正式请求，前后历经三年多。这期间，苏联对切尔诺贝利事故的应急处理措施如下：

(1) 启动紧急应对措施。

(2) 自上而下组建应急处理机构。

(3) 集中兵力解决主要矛盾。

(4) 从外向内调入军队和清理事故人员。

(5) 从内向外有序疏散灾民，分类救治伤员。

(6) 逐步公开通报事故信息。

(7) 继续完善清理放射性污染，消除隐患。

(8) 建立灾民福利保障系统。

(9) 重新组建核电制度和机构。

(10) 寻求国际合作。

在此，根据苏联应急处理工作的措施变化，把从 1986 年 4 月 26 日到 1989 年 10 月的应急处理工作分为三个阶段：紧急处置突发事故阶段；消除事故影响阶段；后处理工作的公开化、国际化阶段。

（1）紧急处置突发事故阶段

该阶段从 1986 年 4 月 26 日凌晨 1 时 23 分事故发生到 5 月 6 日放射性释放基本结束，苏联的应急处理工作从忙乱转为有序。在这关键的 11 天中，苏联政府迅速组建了政府工作组、政府委员会等机构，围绕“控制反应堆放射性物质的泄漏”主题边调研边救助，先后采取了灭火、调入军队和清理事故人员、隔离事故反应堆、疏散附近居民等多方面的紧急措施，基本控制了放射性物质的大规模释放，有效避免了更大次生灾害的发生。

（2）消除事故影响阶段

到 1986 年 5 月 6 日，放射性释放物数量迅速下降，这意味着应急处理工作的重心需要重新调整。随着获取的事故数据不断增加，有计划地清除放射性污染，避免放射性转移造成循环污染的工作被提上工作日程。苏联政府的应急工作重心转为全面有序地开展消除事故影响，并力图恢复切尔诺贝利核电厂其他反应堆的生产工作。这一阶段的主要工作包括：消除放射性污染，实施对居民的医疗保障，继续调查研究事故，尝试开展国际合作。该阶段到 1986 年 8 月中旬结束。

（3）后处理工作的公开化、国际化阶段

1986 年 8 月 25 日至 29 日国际原子能机构在维也纳召开专家会议，苏联国家原子能利用委员会为本次会议编制了《苏联报告：切尔诺贝利核电厂事故及其后果》，全面介绍了切尔诺贝利事故及其后果。这标志着苏联政府对切尔诺贝利事故的后处理工作走向公开化、国际化，进入了纠错、改进，以及试图通过机构改革达到保证核电安全目的的新阶段。

由于苏联政府的前期工作出现了许多不尽人意之处，在国内民众不信任的呼声高涨和国外要求信息公开化的压力下，苏联政府向国际原子能机构提出请求，希望国际原子能机构“对苏联为使其居民能在因切尔诺贝利事故而遭受放射性污染的地区里安全生活而形成的总体思想作一次国际专家评价，并对该地区的居民保健措施的有效性进行评估”。国际原子能机构接受了苏联政府的请求，组织了各方面的科学家和工程技术专家展开评估工作。从此，对切尔诺贝利事故的处理已经不再是苏联政府的内部事物，而成为国际化行为。该阶段到 1989 年 10 月结束。

事故发生后，发生爆炸的 4 号机组被钢筋混凝土的“石棺”封闭起来，其余几台机组则继续在运行，2 号机组是 1991 年停止运行，1 号机组是 1996 年停止运行，3 号机组则一直服役到 2000 年。整个切尔诺贝利核电站是在发生核事故后继续运行了 15 年后才停止发电。如今，这里已经对公众开放了旅游项目。

4. 事故信息公开的失误

（1）苏联一开始曾封锁消息

苏联对这次核电严重事故的报导，最初还是封锁消息，大事化为小事，未作如实通报。其后因事故波及的范围更加扩大以及西方国家对苏联的一致抗议越来越强之后，尤其是戈尔巴乔夫本人提出“如实通报”的方针，才逐渐开放了信息。苏联《真理报》也针对一些官员和报刊不讲真话提出了批评。

（2）信息公布拖延并过于模糊

事故处理不当，扩大了损害程度。苏联政府对事故的处理并没有表现出对生命的重视，仍然沿用报喜不报忧的老传统，试图掩盖事情真相。到 26 日晚，全世界都知道了苏联核电厂发生了事故，莫斯科仍在沉默。核电厂附近普里皮亚季镇的居民生活如常，4 月 26 日夜间才决定疏散普里皮亚季镇的居民。从 27 日 14 时开始疏散，4 万多人被迫离开了家园。

4 月 28 日 11 时，在国际社会的压力下，苏联政治局终于开会研究是否报道的问题，但通报还是被拖延下来了。

直到 4 月 28 日晚 9 时，电视和广播才在新闻中发布公告，简单地向公民通报：“切尔诺贝利核电厂发生了事故，一座原子能反应堆受到损坏。正在采取措施消除事故后果。受到影响者正在得到救助。已经为此成立了一个政府委员会。”并没有说出现了核泄漏事故，也没有提示居民进行防护。从切尔诺贝利开出来的车辆未经任何处理就驶入基辅市区，造成核尘人为扩散。

4 月 29 日苏共中央召开政治局会议，会上通过题为《在苏联部长会议上》的新闻稿。根据这份新闻稿，29 日苏联塔斯社发表了较为详细的公告。苏联政治局对国外透露的消息比向国内公众通报的内容相对多一些，向国外发布的通知分为两份：一份通知社会主义国家领导人，另一份通知资本主义国家领导人。

4 月 30 日，部长会议发表公告，宣布：“由于过去几天所采取的措施，泄漏的放射物质已减少，原子能电厂地区和电厂村的辐射程度已经降低，反应堆处在熄灭状态，切尔诺贝利核电厂和附近地区的辐射状况并没有引起危险，饮用水以及河水和水库的水质符合标准。”

5 月 1 日红场照例举行节日游行，苏联当局没有向人们通报 4 天前发生的灾难。正当英国、法国等西方国家纷纷把他们的公民撤出基辅时，乌克兰当局仍然组织了五一节大游行，不明真相的市民不加防护地走上街头，庆祝五一国际劳动节。其他城市也举行了庆祝活动。

直到 5 月中旬，在西方舆论的强大压力下，苏联塔斯社才断断续续地公布一些有关情况，提醒市民上街要戴帽子。而此时在波兰已开始禁止出售吃青饲料的奶牛产的牛奶，还给波兰东北部各省的婴儿和儿童提供碘制剂，以防止放射性碘进入人体。

5. 信息公开环节存在问题

在控制放射性释放的过程中，受高空气流影响，放射性烟云一直向北飘移、沉降，在苏联国土内外形成了一个放射性物质沉降地带。4 月 28 日，放射性烟云到达瑞典上空。瑞典一家核电厂侦测到了升高的放射性，初步判断放射物来自境外。瑞典政府通过外交渠道质询苏联政府，但苏联方面没有任何回应。直到 4 月 28 日晚 9 时，苏联政府首次正式向世界发布有关切尔诺贝利事故的简要消息，对详细情况未作任何说明。苏联政府向外通报切尔诺贝利事故信息的行为是被迫、被动的。

6. 信息公开问题导致的不良后果

（1）道义上处于被动位置

其次，苏联政府没有充分认识到切尔诺贝利核事故的严重性，在事故发生初期未能采取果断措施，未能把核事故的相关信息及时向本国人民公布，人为导致事故损失扩大。据权威材料显示，事故发生后首批进入电厂进行抢救作业的人员事先并不了解核辐射的严重后果，他们中的一些人长时间暴露在高剂量的核辐射中，有的人短期内直接致死；而电站周边居民接到政府强行迁移通知时离事故发生已经超过 48 小时。

苏联政府在事故初期向世界隐瞒了真相，使自己在道义上不是处于被同情地位，而是遭到国际社会的普遍谴责。这不仅损害了苏联国家形象，而且使苏联在外交上陷入了被动的不利地位。重大核事故不同于一般性灾难，它具有很强的传播性，向国际社会隐瞒真相无异于对别国人民健康的不尊重，必然使自己陷于不义境地。

（2）对公众封锁信息导致失信于民

政府为了稳定秩序，对公众隐瞒事故状况、封锁正常信息发布，最终导致公众对政府产生严重不信任。苏联政府通过核电厂上报机制几乎在 26 日事故发生的同时就知晓了此事，随后立即展开应急处理工作。但政府没有在第一时间向事故周围居民以及国际社会公布事故信息，致使放射性污染地区的居民没能及时采取任何防范措施。

26 日事发当天恰逢周六休息日，而且临近苏联最重要的节日——五一国际劳动节，当地居民像往常一样在街上散步、购物，无形中扩大了接受辐射的剂量、范围和时间。直到 4 月 28 日瑞典核电厂侦测到大气中放射性的升高向苏联发出质询后，苏联方面才被迫发布事故消息。这使得苏联党和政府在国内和国际社会处于完全被动的境地。在地方机构执行中央政府决策的过程中，为了维护党和政府的形象、利益，既没有向公众作任何说明，又忽视对公众的解释工作，擅自减少自己的工作量，或简单、机械地执行政府决策。

而公众由于无从了解事故真相，消息来源不一，信息不匹配，加之对核事故从一无所知到心生恐惧，无形中增加了精神上的不安、烦躁和压力，最后集中发展成对政府的严重不信任。民众自发组成“切尔诺贝利人社会同盟”“切尔诺贝利的孩子们”“切尔诺贝利的残废者”“切尔诺贝利的遗孀”等社会组织，在苏联国内掀起了一场范围广泛、形势高涨的“切尔诺贝利运动”，人们走上街头游行示威，要求废除机密制度、公布事故的真实规模、惩治切尔诺贝利核灾难的罪犯、确定被污染土地的居住危险程度、建立国家对蒙难者的救助体系等。这些迫使苏联政府不得不通过借助国际原子能机构调查来缓和国内压力。

（3）矫枉过正，走向极端

1986 年切尔诺贝利核电厂核泄漏事故，激发了公众的环境权利意识，环境信息公开呼声强烈。这时，戈尔巴乔夫的“公开性”原则，一下子使得国内外媒体不受任何限制地对核事故及苏联的其他生态环境问题集中曝光，西方媒体不乏夸大其词曲解报道。结果，苏联舆论由粉饰太平骤然跳到处处是问题甚至是生态灾难；从基本不公开到基本不加限制地公开。这种强烈的反差和负面信息，对公众产生巨大冲击，迅即冲垮了公众对党和政府的信任和对社会主义的信心，使原来公众有组织的生态环境保护参与一下子转变、发展为群众性的生态抗争运动。

切尔诺贝利事故发生后，苏联的生态运动开始发生重大变化，各种政治势力都趁机打起生态保护的旗帜，把它们的政治性组织贴上"绿色""生态"的标签借以取得合法地位，并在生态保护的旗帜下进行政治煽动，矛头直指苏联党和政府，形成了席卷全国的带有政治指向的群众性生态运动。正是在这样的政治动乱中，自由主义和民族主义势力逐渐获得了独立存在和活动的空间，聚集了越来越多的政治资源，开始直接地要求多党制和加盟共和国主权独立。

7. 信息公开方面的教训

从切尔诺贝利核事故的应对中，可以看到些反面的教训。

一是切尔诺贝利核事故发生伊始，对公众封锁或延迟发布事故信息，导致了政府失信于民。当时苏联政府的集中指挥方式能够高效地实施应急行动，但政府并为了稳定秩序，对公众隐瞒、封锁或延迟发布了事故信息，最终导致了公众对政府的严重不信任。苏联政府通过事故上报机制几乎在 26 日事故发生的同时就知晓了此事，随后立即展开应急处理工作。但政府并没有在第一时间向事故周围居民以及国际社会公布事故信息，致使放射性污染地区的居民没能及时采取任何防范措施，这直接导致政府丧失了公信力。

二是缺乏对公众甚至是专业人员的宣传教育，造成了辐射危害。在核事故发生之前，苏联政府或许没有意识到辐射防护的重要性，不重视辐射防护工作，导致大量应急工作人员和民众受到了严重的辐射伤害，造成严重的健康问题。之前苏联在对核能的宣传中一味地强调原子能给人类带来的福祉，而对核辐射危害及其防护技术的研究不够重视。对于核辐射危害，不仅公众知之甚少，甚至连核物理科学家、国家领导人、核电站工作人员也了解得不够。在事故应急及民众疏散过程中，人员防护工作非常不充分，导致大量人员受到严重的辐射伤害。这种情况的发生，非常不利于建立公众对核电的认同，进而有害于公众对核电的信心。

当然，事故发生之后，苏联政府的一些补救做法，也有效地缓解了公众的不信任情绪，相对增强了公众信任。一是定期向公众公开信息，尤其是核电安全性方面的信息和知识。建立新闻发布会制度，举办讨论会和展览会，定期与地方新闻界讨论核电安全问题，使公众了解核能的安全性。如 1989 年苏联派出一个小组访问法国，观摩法国的新闻发布会工作，并为苏联电视台录制了宣传片，为在本国建立新闻发布会制度做准备。二是更多的公众参与。事故后，苏联制定了更严格的核电厂选址标准，要求在选址时征求有关地方官员和民众的意见。三是让公众了解核安全管理。邀请地方官员和民众参观核电站，让人们切身体会核电安全管理，降低对核能的恐惧感。

8. 小结

切尔诺贝利核事故暴露出的监管机构不独立、应急响应计划缺失、信息隐瞒、国际安全标准不完善、国际合作缺乏等问题，都成为推动事故后国际组织及各国政府加强核电安全监管的强劲动力。苏联解体后，IAEA 逐步成为事故研究的领导者。随着切尔诺贝利论坛的建立，一大批研究结果被公开发布，使公众得以了解事故情况以及辐射对生活健康的影响，为公众揭开了核事故影响的神秘面纱。同时，一系列新安全标准法规的发布、安全文化概念的提出以及有针对性的安全改进，如操纵员的培训等，都对全球公众恢复核电安全信心起到了积极作用。

而 WANO 组织的成立，为核电运营商开展同行评审、安全和运行质量检查、优先实践经验共享提供了统一、对等的平台；同时，通过开展联合项目研究，促进全球各国共同解决核安全和发电效率问题，有效地提高了全球核电安全运行水平。而高的运行业绩与安全水平，是恢复民众核电接受度最强有力的说明。

三、日本：福岛核泄漏事故

1. 事故概述

（1）福岛核电厂简介

福岛核电厂（Fukushima Nuclear Power Plant）是世界上最大的核电厂，由福岛一厂、福岛二厂组成，共 10 台机组（一厂 6 台，二厂 4 台），均为沸水堆。

福岛核电厂位于北纬 37 度 25 分 14 秒，东经 141 度 2 分，地处日本福岛工业区。福岛一厂 1 号机组于 1971 年 3 月投入商业运行，二厂 1 号机组于 1982 年 4 月投入商业运行。

福岛核电厂一号机组已经服役 40 年，出现许多老化的迹象，包括原子炉压力容器的中性子脆化，压力抑制室出现腐蚀，热交换区气体废弃物处理系统出现腐蚀。这一机组原本计划延寿 20 年，正式退役需要到 2031 年。

（2）福岛核事故过程简介

在日本标准时间 2011 年 3 月 11 日 14 时 46 分，日本发生了 9.0 级大地震，震源深度约 25 千米（15 英里），震中位于仙台以东 130 千米（81 英里）的海域，在东京东南约 372 千米。这次地震造成东北海岸四个核电厂的共 11 个反应堆自动停堆（女川核电厂 1、2、3 号机组；福岛第一核电厂 1、2、3 号机组；福岛第二核电厂 1、2、3、4 号机组和东海核电厂 2 号机组）。

地震引发了海啸，海啸浪高超过福岛第一核电厂的厂址标高 14 米 (45 英尺)。此次地震和海啸对整个日本东北部造成了重创，约 20 000 人死亡或失踪，成千上万的人流离失所，并对日本东北部沿海地区的基础设施和工业造成了巨大的破坏。

海啸及其夹带的大量废物，对福岛第一核电厂现场的厂房、门、道路、储存罐和其他厂内基础设施造成重大破坏。现场操作员面临着电力供应中断、反应堆仪控系统失灵、厂内厂外的通讯系统受到严重影响等未预计到的灾难性情况，只能在黑暗中工作，局部位置变得人员不可到达。事故影响超出了电厂设计的范围，也超出了电厂严重事故管理指南所针对的工况。

由于丧失了把堆芯热量排到最终热阱的手段，福岛第一核电厂 1、2、3 号机组在堆芯余热的作用下迅速升温，锆金属包壳在高温下与水作用产生了大量氢气，随后引发了一系列爆炸:

2011 年 3 月 12 日 15:36，1 号机组燃料厂房发生氢气爆炸。

2011 年 3 月 14 日 11:01，3 号机组燃料厂房发生氢气爆炸。

2011 年 3 月 15 日 06:00，4 号机组燃料厂房发生氢气爆炸。

这些爆炸导致核电厂严重损毁，大量放射性物质泄漏到外部。

15 日到 16 日之间，福岛核电厂的西北地区遭受了高浓度核污染。

3 月 17 日，直升机和混凝土泵车开始向乏燃料池注水。

3 月 23 日，核安全委员会首次公布了计算出的福岛核电厂周边累积辐射剂量等的预测。

3 月 24 日，3 名救援人员暴露在 3 号机组涡轮机房地下的高放射性积水中。

4 月 2 日，高放射性污水在 2 号机组取水口附近流入大海。

6 月 14 日，回收和净化机房地下污水，用来冷却反应堆的循环冷却注水系统开始运转。

12 月 16 日，日本政府宣布福岛核电厂进入“冷停堆状态”。

12 月 21 日，东京电力公布 1 至 4 号机组的报废时间表。

2012 年 4 月 2 日，福岛核电厂 1 至 4 号机组在法律上正式报废。

4 月 7 日 , 开始建造 4 号机组防护罩，以便从乏燃料池取出核燃料。

2013 年 3 月 30 日，能够去除 62 种放射性物质的污水处理设备“多核素去除设备”

（ALPS）开始试运转。

9 月 26 日，日本政府出台核污水治理基本方针。

11 月 18 日，开始转移 4 号机组乏燃料池里存放的核燃料。

2014 年 1 月 31 日，5 号和 6 号机组在法律上正式报废。

（3）福岛核事故的后果

日本福岛核电厂事故是一次较为严重的核事故，4 个机组因为特大地震导致的巨大海啸发生次生核事故，导致数个机组的燃料棒损毁、压力容器破坏及厂房炸毁，进而导致大量放射性物质泄漏。当前评价表明主要裂变产物释放量约是切尔诺贝利事故释放量的十分之一到几分之一，其主要环境影响范围局限在日本本土几十到上百千米的地方。日本本土距离事故电站几十千米的范围内有较严重的铯 -137 污染。

福岛第一核电厂给核电发展行业、有关监管部门和核事故应急单位再次敲响了警钟。先进的核电技术和严格的管理措施只能降低核事故发生的概率，由于各种主观和客观因素的影响无法完全杜绝核事故的发生。发展核电必须坚持安全第一的原则，强化风险意识、忧患意识、责任意识，从设计、制造、建设、运行、退役，一直到安全监管和核事故应急，均应责任明确，措施得当，相互协调，保障有力。卫生应急肩负着保护公众健康的重任，应当从福岛核事故的处置和应对中吸取经验和教训。

2. 媒体报道与舆情状况

（1）日本媒体报道与舆情状况

日本媒体在第一时间对福岛核事故进行了报道。

3 月 11 日地震发生，大量媒体关注灾情，此时尚未对核电厂进行关注。

3 月 12 日，核泄漏被正式确认，引起日本媒体大范围、长时间，深入的关注与报道。随着灾情的持续发展，媒体开始深度挖掘与反思此次事故，并披露大量内幕。在随后的时间里，每一个敏感事件都会引发媒体的报道狂潮，这种状态持续了很长一段时间。

舆情方面，灾难发生最初福岛的民众关注点主要在救灾工作，但是由于日本政府的不作为，民众的意见中迅速出现对东电公司及政府当局的指责与愤怒。随着日本政府的继续不作为，日本政府逐渐失去公信力，民间反核阵营空前活跃，开始有组织有计划地进行反核活动。

（2）国内媒体报道与舆情状况

国内媒体在第一时间就关注了日本福岛核事故，在事故发生的很短时间内，东方卫视、凤凰卫视、台湾联合报等媒体就对事故进行了详细的报道。在随后的数周内，各大主流媒体、民间媒体、新媒体，均以大量篇幅持续关注日本的核灾难。媒体在关注日本核事故进展的同时，也对国内的核安全提出质疑和要求，其中或有国外媒体推波助澜。

舆情方面，大部分民众的意见主要为对福岛核事故表示关切，并对是否会受到福岛的影响表示担忧，同时对我国的核安全提出质疑。从 14 日开始，国内的舆论场开始出现大量关于核的谣言，这些谣言有的扰乱了经济与社会秩序，如"抢盐风波"；有的造成政府公信力下降，如"我国相关部门隐瞒核电故障"的谣言；有的造成群众恐慌，如"海鲜污染"谣言。大部分谣言都或者不攻自破，或者因辟谣而解除，但也有少数谣言造成深远的影响。新媒体时代谣言的产生被加速，福岛事件为国内涉核谣言的产生注入了一剂催化剂。

至 5 月，舆情热度渐渐下降，但仍有少数媒体在深入挖掘，跟踪报道此次事故。

至 6 月，舆情热度基本平复，进入舆情长尾期。

3. 日本政府的处理

（1）迅速响应，后续乏力

在事故伊始，日本政府和相关机构依据《核应急准备特别处置法》积极采取行动。日本政府在灾难发生的第一时间就建立了初期应急机构，并组织对福岛第一核电厂附近 3 千米的居民预防性撤离。12 日凌晨，首相菅直人再次亲自下令疏散方圆 10 千米内的所有居民。日本经济产业省原子能安全和保安院在 12 日凌晨对核泄漏予以确认。因此，福岛事件的政府响应是很迅速的，这得益于日本成熟的灾难应急体系。

日本大地震发生的最初几天里，世界媒体无不被令人惊恐的灾难场面和日本人高度的纪律性和公民素质所震撼。但在随后的一周内，事情开始变得奇怪。随着福岛核危机的逐步升级，日本政府后续的工作存在严重的协调混乱和处理失当，其在核灾难面前表现出来的官僚、迟缓以及种种荒唐走板的行为让人感到错愕。首先，日本政府对灾民的安置工作存在支援不力的情况，多数地区仅仅通知避难，却未配送救灾物资，导致许多灾民产生绝望情绪。其次，作为日本国内最有组织纪律的队伍——自卫队，却在灾难面前胆怯退却，救援人员畏惧不前，甚至直到灾后三天才进入场内救灾。灾后不久，日本政府贸然停止了涉事市县农产品流通，导致当地人民的生活雪上加霜。如此种种，使得日本民众逐渐失去信心，由失望转为愤怒。

舆情发酵，产生了深远的后果。

（2）消极应对，态度暧昧

自福岛核危机爆发以来，日本政府与东京电力公司对事件发展及救援态势的信息披露杂乱无章，不仅彼此矛盾，甚至前后矛盾。首相菅直人的很多行为更令人非常不解。他在灾后的第一周内频频召开记者会，向民众做出解释，但到第二周既不接受记者采访，又不到国会接受质询，被媒体讥为“人间蒸发”。可能因媒体批评愈来愈严厉，菅直人终于在 3 月 25 日开了记者会，但发言内容却相当空泛。3 月末，日本政府对外发布了两种不同的数值。发布中说：福岛周边几个都县的大气和自来水的辐射物浓度“高于平时但略有下降趋势”，而核电厂内及紧邻海域的放射量数值则呈几何式增长。数值增减态势完全相反，令人无所适从。4 月 13 日，东京电力公司社长清水正孝承认目前无法就核电厂事故处理拿出明确日程表。而短短 4 日后，东京电力公司会长胜俣恒久却宣布了处理时间表。种种暧昧而自相矛盾的表态，使灾民失望。

日本政府在核危机面前的种种表现，使得关心事态进展的各国民众与政府如堕雾中，更让日本民众手足无措。一名不得不离开家园的退休中学教师说：“报纸上写的和政府说的不一致。我希望政府能说更多实话。”

（3）暗箱决策，疑点重重

政府作为救灾方，与民众进行的沟通并没有如实、负责，甚至瞒报，虚报。由于日本核能工业政治根基牢固，一些人便将高于预计的辐射数据暂时隐瞒，旨在把疏散范围减到最小。然而在新闻媒体的穷追猛打下，真正的事实真相逐渐披露。一些现任和前日本政府官员坦言，日本政府确实隐藏了核电厂的毁坏程度和核辐射的扩散程度。2014 年 1 月日本被揭发出，首相官邸当时召开的“原子力灾害对策本部”15 次会议中，10 次没记录，更引起日本社会哗然。

由于无法相信政府公布的核辐射监测数据，许多的日本普通民众选择自费购买专业仪器，测量周遭环境是否遭受了核辐射污染。

（4）傲慢自负，拒绝合作

在事故初期，日本并未与周边国家和国际社会进行及时、充分的信息共享，也并没有申请国际救援。后来日本认识到事故的严重性，才在审查了政府机构内部通讯渠道后建立了与周边国家的沟通联络站。但是大错已成，为时已晚。有专家分析，若是国际救援队在第一时间进入福岛核事故现场，将有很大可能阻止进一步的灾难发生。

4. 长远影响

（1）对日本的影响

福岛事件对全世界人民对核的认识产生了巨大的影响。作为信息时代最为重大的核事故，在网络媒体、自媒体的放大之下，人们对核的态度发生率极大的变化。尤其是日本国内在遭受广岛、长崎原子弹轰炸的 56 年后，又一次经历核事故灾难，对日本社会和人们的心理造成了很大冲击，其影响是巨大的、长期的。

日本人一向具有比较强烈反核意识，第二次世界大战末期受到原子弹轰炸的灾难体验，是日本人反核意识的原点。随后的久保山事件，引发了日本的反核浪潮。此次福岛核事故，将日本民众的反核意识推向了顶峰。日本《朝日新闻》的民意调查结果显示，对核电感到不安，希望逐步淘汰核电的人在逐步增加。在《朝日新闻》当年 4 月份的调查中，认为应"增加"核电站的为 5%，"维持现状"的 51%，"减少"的 30%，"废止"的为 11%；到 6 月份，认为将来应该"脱原发"的达到了 74%；到 12 月份的调查时，"反对利用原子能发电"的达到 57%，认为应"阶段性减少将来淘汰"的上升为 77%。这些数据充分证明了日本民众反核情绪高涨之快。

3.11 之后，广大日本人民掀起了声势浩大的反对核能发电、脱离核能发电的运动。诺贝尔文学奖得主大江健三郎等人发起了一千万人签名活动。2011 年 9 月 19 日，在东京的明治公园召开了有 6 万人参加的"再见！原子能发电"的群众集会，大有成为跨越党派活动的趋势，日本的最大政党自民党内，也出现了反核的声音。

（2）对世界各国和我国的影响

对于世界人民，福岛核事故也产生了巨大的影响，德国、法国、美国、中国台湾等各个国家和地区对于核的态度都发生了极大的转变。

拥有 17 座核电厂的德国宣布于 2022 年全面停用核能。意大利、波兰、泰国、韩国、巴西、瑞士等国提出暂缓发展核能，中国国务院时任总理温家宝亦明确指出，要调整核电发展中长期规划，并暂停审批核电项目。

而对于国内民众而言，福岛核事故是第一次有实在接触的核灾难，因此也产生了巨大的影响，产生大量的次生舆情。

（3）国内的次生舆情

次生舆情是指在原始舆情基础上衍生出的舆情。在互联网高度发达，注重横向联系的互联网思维日渐深入人心的今天，次生舆情正迸发出强劲的冲击力，影响着社会的安定和发展。本土化的次生舆情相比初级舆情更具有高关注度、高传播率、高散发率的特点，必须要足够重视。

福岛事件传播至国内，产生了不计其数的次生舆情。进行分类后，主要有如下几种。

① 抢盐事件

2011 年 3 月 11 日，日本发生 9.0 级地震，随后报道日本核电厂受损严重，并出现严重的核泄漏放射污染。3 月 16 日，网上开始盛传日本核扩散将影响到中国，并传言食用碘盐可以抗击辐射，海水将受核污染，今后采集生产的食用盐不安全。这一谣言迅速在全国传散开来，并直接作用人们的现实生活，导致了集体“抢盐事件”的发生。

面对3月16日传开的谣言，政府高度重视且立即发出辟谣信息并做出处罚散谣者的决议。经过政府多渠道的辟谣和科学的讲解，人们开始信任政府，抛开谣言，从抢盐大军中退出来。在政府与多方的共同努力下，抢盐风波逐渐平息。

中国的抢盐风波就像一场暴风雨，来也匆匆，去也匆匆。各地食盐销售市场早已逐渐恢复正常营业，抢盐风波再次给国人一个警示，百姓不信任官方的信息，值得深思政府需要在平日就建立牢固的公信力。

② 散布谣言

2011 年 3 月 15 日，在杭州电脑公司工作的陈某，用网名“鱼翁”在网上散布有关近期日本地震引发核污染影响我国海域的谣言：“据有价值信息，日本核电厂爆炸对山东海域有影响，并不断地污染，请转告周边的家人朋友储备些盐，干海带，暂一年内不要吃海产品。”该信息经湖州等地网民在网上转发后造成恶劣的社会影响，许多网民纷纷向公安机关举报。

接报后，杭州市公安局治安支队会同西湖分局巡特警大队立即开展调查，经办案民警缜密调查，确定网上散布谣言者为杭州教工路上一家电脑公司员工陈某。陈某交代：“3 月 15 日上午 10 时许，他在网上聊天时看到了上述信息，未加思索便将该信息复制后转发给亲朋好友。”随后，该信息又被湖州网民在网上转发，引起了部分市民的恐慌。

经西湖警方的批评教育，陈某对自己的错误行为已有比较深刻的认识，承认自己违法散布虚假信息危害社会，教训极其深刻。并立即在网上发布澄清公告："本人在网上散布的有关日本核电厂爆炸对山东海域有影响以及关于盐与海带之类的话，没有事实根据，是虚假消息，希望大家不要相信，不要误传。"

根据陈某的违法事实，杭州市公安局西湖分局依法对陈某做出了行政处罚。

③过度解读

2011 年 4 月，广州大亚湾核电厂排出放射性气体氙的消息引起外媒关注，并引起国内民众和媒体的关注。

环保部有关负责人就大亚湾核电厂测出放射性氙答记者问时说，历年监测结果表明，大亚湾核电厂和岭澳核电厂气态氙排放量在许可限值以下，对公众产生的剂量贡献极低，对人体健康没有影响，厂址周围环境空气中的氙浓度处于本底水平。

有记者问，近日有香港媒体和境外媒体刊登大亚湾核电厂测出放射性核素氙，至去年 12 月累计释放量已达香港卫生署规定的可吸入限值的八分之一。内地也有网站转载，是否说明大亚湾核电厂有异常排放？对人体健康是否有影响？

环境保护部（国家核安全局）有关负责人介绍说，在核电厂运行过程中，向环境排放许可限值以内的一定数量放射性核素氙属于正常情况，为国际通行实践。大亚湾核电厂自投产以来一直监测烟囱中排放的氙，并每月上报监测数据。

5. 信息公开方面的教训

一是日本政府及东京电力公司未能及时、全面地向公众公开事故监测数据。引发了民众恐慌。福岛第一核电站的首次泄露发生在 3 月 12 日 15 时，但日本政府直到两个小时后才正式证实。5 个小时后，官房长官才正式宣布核反应堆安全壳仍然完整，但未提供具体数据予以佐证，这直接引发了民众的猜疑，随之产生恐慌情绪。

二是政府部门公布的事故信息不一致，导致政府公信力下降。在福岛核事故中，不同的政府部门存在着信息来源不一致、内容不一致的问题。如关于福岛核电站向大气泄漏的放射物总量，日本原子能保安院与原子能安全委员会存在截然不同的统计数字，两个部门公布的数字分别为 37 万太贝克和 63 万太贝克，数据相差悬殊。这种混乱的信息环境使得政府的公信力大大降低。面对危机，政府应当统一发布权威、可靠的信息，避免因"信息打架"而使政府的公信力下降。

三是政府的疏散指令混乱，造成政府公信力下降，公众信心降低。政府的疏散指令没有被立即送达至疏散区内所有的相关地方政府。而且，这些指令既不具有针对性，也不具体。地方政府只得在未获得充足信息的情况下做出有关疏散目的地以及疏散程序的决定。造成这种混乱的主要原因是政府和电力公司的疏散计划考虑不周全，可操作性不强。

当然，在福岛核事故后，日本在信息公开和公众参与方面的一些改进做法也值得我们借鉴：如修改相关法律、强化公众知情权。日本于 2012 年修订了《反应堆管制法》，要求企业必须评估每座反应堆设计及运行方面的综合风险，并在向政府提交评估结果的同时，向公众进行公布。另外，运营商有义务就每座反应堆的安全对策进行综合风险评估，并有义务向政府提交和向公众公布评估结果，以实现透明化，并供社会各界评议。

参考文献

[1] IAEA PRIS. http://www.iaea.org/pris.

[2] U.S. PUBLIC OPINION ABOUT NUCLEAR ENERGY. NEI, http://www.nei.org/.

[3] US NRC. NUREG−1947.Final supplemental environmental impact statement for combined licenses (COLs) for Vogtle Electric Generating Plant Units 3 and 4. Final report. 2011.

[4] 左跃 . 中国核电公众沟通指南，2017.

[5] 左跃 . 中国核电科普手册 . 原子能出版社，2016.

[6] 叶奇蓁 . 为什么要发展核电 . 原子能出版社，2013.

[7] 王佃利 . 邻避困境 . 北京大学出版社，2017.

[8] 左跃 . 核电项目建设中的公众沟通策略研究 . 核科学与工程，2016.

[9] 左跃 . 核设施邻避问题主要特征与应对措施探讨 . 世界环境，2014.

[10] 中国核能行业协会 . 涉核邻避问题的防范和化解研究 .

[11] 国家环境保护局 . 核设施环境保护管理导则——核电厂环境影响报告书的内容和格式 .NEPA−RG1，1988.8.

[12] 国家环境保护总局办公厅 . 关于对《环境影响评价技术导则总纲》（征求意见稿）征求意见的函 . 环办函〔2005〕464 号，2005.8.10.

[13] International Association for Public Participation.IAP2 Public Participation spectrum.http://www.iap2.org/associations/4748/files/spectrum.pdf.

[14] International Association for Public Participation. IAP2 Public Participation Toolbox.http://www.iap2.org/associations/4748/files/toolbox.pdf.

[15] 谭爽 . 北京航空航天大学学报 − 邻避项目社会稳定风险的生成及防范 − 基于焦虑心理的视角 . 2013.

[16] 肖新建 . 中国核电社会接受度问题及政策研究 . 中国经济出版社，2016.

后记

台山核电

纵观世界核电发展史，既非一帆风顺，也非停滞不前，核事故是终点也是起点。它结束了人们对核电技术的盲目自信，又开启了核电更安全、更健康发展的新的探索。同样，核能沟通亦是如此，核能公众沟通只有起点，没有终点。核能发展的前提，正是公众的理解与支持。

沟通，为我们打开了一扇门，这就要求核电从业者要以更加专业、更加透明、更加开放的方式积极开展公众沟通，携手公众，照亮核电事业发展的未来。

打开邻避困局，需要携手公众同行。

沟通、沟通，再沟通；透明、透明、更透明。

在本书的撰写过程中，得到了汤博、杨波、王晓峰、谭爽、房超等多位老师的指导帮助，侯邦军等同仁朋友为书籍的图片提供了大力支持，还有赵老师为书籍的校核付出了大量的时间与精力，在此一并深表谢意。